U0350313

婴幼儿健康喂养

主 编：胡富宇　陈忠妙　蒋正强　翁珊兰　王良友

河北科学技术出版社
·石家庄·

图书在版编目（ＣＩＰ）数据

婴幼儿健康喂养 / 胡富宇等主编 . -- 石家庄 : 河北科学技术出版社 , 2023.1

ISBN 978-7-5717-1456-7

Ⅰ . ①婴… Ⅱ . ①胡… Ⅲ . ①婴幼儿 - 哺育 Ⅳ . ① TS976.31

中国国家版本馆 CIP 数据核字 (2023) 第 025354 号

书　　名：婴幼儿健康喂养
　　　　　YINGYOUER JIANKANG WEIYANG

主　　编：胡富宇　陈忠妙　蒋正强　翁珊兰　王良友

责任编辑：王丽欣
责任校对：刘建鑫
美术编辑：张　帆
封面设计：方缤若
出　　版：河北科学技术出版社
地　　址：石家庄市友谊北大街 330 号（邮编：050061）
印　　刷：石家庄联创博美印刷有限公司
开　　本：710×1000　1/16
印　　张：13.75
字　　数：240 千字
版　　次：2023 年 1 月第 1 版　2023 年 1 月第 1 次印刷
书　　号：978-7-5717-1456-7
定　　价：89.00 元

编委会

主　编：胡富宇　陈忠妙　蒋正强　翁珊兰　王良友

副主编：张伊凡　陈风云　朱君飞　唐富琴　陈　丽

　　　　叶少燕　方家阳　陈财荣　顾世成

指　导：华金中

序

民以食为天。在"食"种类丰富多样的时代，我们要怎么吃才有利于身体健康？这是大家非常关心的事情，也是《国务院关于实施健康中国行动的意见》的重要内容之一。

习近平总书记在党的十九大报告中指出："人民健康是民族昌盛和国家富强的重要标志。要完善国民健康政策，为人民群众提供全方位全周期健康服务。"并作出了"没有全民健康，就没有全面小康"的重要论断。普及营养健康知识，提高全民营养健康素养，这是中国营养学会持之以恒的事业。健康中国行动推进委员会制定的《健康中国行动（2019—2030年）》，围绕全方位干预健康影响因素、维护全生命周期健康和防控重大疾病三个方面，提出了开展15项大行动的工作任务，其中第2项是实施合理膳食行动，针对超重和肥胖人群、贫血与消瘦等营养不良人群、孕妇和婴幼儿等特定人群和家庭，以及针对目前我国居民盐、油、糖摄入过高的状况，分别提出了膳食指导建议和目标。浙江省台州市营养学会专家团队编写了一般健康人群、特定人群膳食指南和婴幼儿健康喂养等居民膳食科普系列丛书，对实施合理膳食行动的膳食营养进行了进一步的细化和指导，更具实用性和可操作性，希望能让大家轻松、快捷地掌握健康饮食知识，更好地保护自己和家人朋友的身体健康，这是一件好事，也是认真践行《健康中国行动（2019—2030年）》的实际行动。

2020年是我国全面建成小康社会的一年。为了贯彻落实习近平总书记提出的"四个最严"要求，不断提高人民群众对食品安全工作满意度，各地营养学会正在大力普及健康饮食知识，让人们的思想观念、行为习惯和生活方式更加健康，为早日实现健康中国和伟大的"中国梦"助力！我相信，这套丛书一定会受到公众的喜爱，并成为科学传播营养知识的优秀图书之一。

　　是为序。

中国营养学会副理事长
中国疾控中心营养与健康所所长

2019 年 12 月

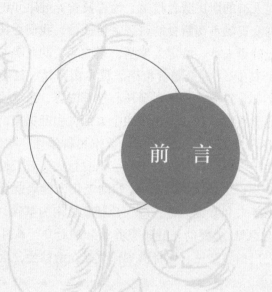

前　言

　　营养乃健康之本，没有营养就没有健康。习近平总书记在党的十九大报告中指出，人民健康是民族昌盛和国家富强的重要标志。明确提出要实施健康中国战略，坚持预防为主，倡导健康文明生活方式，预防控制重大疾病。2016年10月，由中共中央政治局审议通过的《"健康中国2030"规划纲要》发布，《国务院关于实施健康中国行动的意见》于2019年6月印发实施，国家层面出台了《健康中国行动（2019—2030）》，对心脑血管疾病、癌症、慢性呼吸系统疾病、糖尿病这四类重大慢性病发起防治攻坚战。

　　中华人民共和国成立后特别是改革开放以来，人民生活水平不断提高，营养供给能力显著增强，我国卫生健康事业获得了长足的发展，居民主要健康指标总体优于中高收入国家平均水平。但仍面临着重点慢性病的患病人数快速上升，慢性病负担占疾病总负担70%以上的严峻局面。原国家卫计委发布的《中国居民营养与慢性病状况报告（2015）》（以下简称《报告》）显示，2012年中国慢性病死亡率为533/100 000，占全部死亡人数的86.6%；2012年中国18岁以上居民高血压患病率25.2%、糖尿病9.7%、血脂异常40.4%，40岁以上居民慢性阻塞性肺疾病患病率9.9%；2013年中国居民癌症发病率为235/100 000。《报告》显示，吸烟、过量饮酒、身体运动不足和高盐、高脂等不健康饮食是慢性病发生、发展的主要危险因素，但这些危险因素尚未得到控制。

　　国务院办公厅印发的《国民营养计划（2017—2030年）》鼓励编写适合

于不同地区、不同人群的居民膳食指南。为普及营养健康知识，提高营养健康素养，为当地群众提供平衡膳食的科普宣传读物，我们委托台州市营养学会组织编写了一般健康人群、特定人群膳食指南和婴幼儿喂养指南等居民膳食科普系列丛书。其中，《大众膳食指南》读本由开篇、核心推荐、实践平衡膳食、附录四个部分组成，提出六项核心推荐内容，每项内容设置了引言简介、关键推荐、重点解读和知识链接四个方面，引经据典，图文并茂，使读者对讲解的内容一目了然，加深理解。读本集科学性、知识性、趣味性、实用性、可操作性于一体，具有内容丰富、信息量大、普及性高、易于接受的特点，适用于 2 岁以上的健康人群。《妇幼老年人健康饮食》针对孕妇乳母、儿童少年、老年人和素食人群，以大众膳食指南为基础，根据其各自的生理特点提出补充意见。《婴幼儿健康喂养》分别对 0 ～ 6 月龄、7 ～ 24 月龄婴幼儿的喂养提出指导意见。现将读本郑重推介给社会公众，以飨读者。

台州市科学技术协会

2019 年 10 月

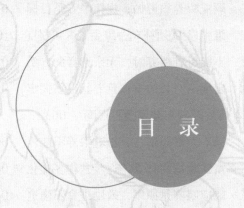

目　录

第三部分　附　录

第一部分　开　篇

一、没有营养就没有健康

营养是健康之本，营养决定健康。俗话说，民以食为天；人是铁饭是钢，一顿不吃饿得慌，说明生命活动离不开膳食营养。

营养是指人体摄取、消化、吸收和利用食物中营养物质（营养素）以满足机体生理需要的生物学过程。营养素是可给人体提供能量、构成机体成分，以及具有组织修复和生理调节功能的物质，是维持人体健康的物质基础，决定着我们的健康状况。我们身体的任何组织都是由营养素组成的。组织器官系统功能的正常发挥均有赖于营养，从妈妈孕育生命到婴儿呱呱坠地，从天真烂漫的儿童到鹤发童颜的老者，人类成长的过程，都是营养素在维持健康。

人体的营养素缺乏或过多都会引发疾病，并可加剧和诱发相关慢性病及其并发症。而合理营养则可避免营养素缺乏或过多，预防由此带来的疾病危害。而当疾病发生后，比如创伤患者在伤口愈合过程中，营养状况直接影响组织的再生与修复；又如肿瘤患者营养支持是手术、放疗、化疗的基础，营养状况决定治疗耐受性及疗效。

二、什么是健康新概念

世界卫生组织明确提出健康新概念："健康不仅是免于疾病或身体虚弱，而且是保持体格方面、精神（心理）方面和社会方面的完美状态。"也就是说，一个人只有在躯体健康、心理健康、社会适应良好和道德健康四个方面健康，才算是完全健康的人。从健康的概念可以看出，身体健康是心理健康的基础，而心理健康又是身

体健康的必要条件。健康的心理可以维持和增进人的正常情绪，维持人的正常生理功能，以适应外来的各种刺激。只有身体健康，同时心理也健康，并且有健康的生活方式，才称得上完全健康。

三、健康四大基石

世界卫生组织提出的健康四大基石：

基石一：合理营养。营养是生命的物质基础，合理的营养是健康的必要保障。合理营养并不是吃越贵越高档的食物就越好，而是应当食物多样、合理搭配，食不过量、三餐规律，盐油适量、少吃甜食，饮酒节制、足量饮水。

基石二：适量运动。生命在于运动。维持健康体重的关键是食物摄入量和身体活动量保持能量平衡。身体运动要做到科学安全、量力而行、持之以恒。

基石三：戒烟限酒。烟的危害举世公认，不论是主动吸烟还是被动吸烟，都可能导致癌症、心血管疾病、呼吸系统疾病等多种疾病，所以越早戒烟越好。酒是一把双刃剑，少饮是健康之友，多饮是罪魁祸首。

基石四：心理平衡。谁能做到心理平衡，谁就掌握了健康的钥匙。要做到"三个快乐"：一心助人为乐，事事知足常乐，常常自得其乐；要做到"三个正确"：正确对待自己，正确对待他人，正确对待社会。

四、什么是膳食指南

膳食指南是根据营养科学原则和当地百姓健康需要，结合当地食物生产供应情况及人群生活实践，由政府或权威机构研究并提出的食物选择和身体活动的指导意见。

我国在 1989 年首次由中国营养学会发布了《中国居民膳食指南》，并分别于 1997 年和 2007 年进行了修订。2014 起，国家卫生和计划生育委员会委托中国营养学会组织近百名专家，历经2 年多时间，修订完成《中国居民膳食指南（2016）》，由国家卫生计生委官方发布，宣传食物、营养和健康的科学知识，有针对性地提出改善营养

状况的平衡膳食和适量运动的建议，并给出了可操作性的实践方法。这份指南是引导居民加强自我健康管理、提高居民健康素养和健康水平的宝典。

五、什么是膳食模式

膳食模式就是平常说的膳食结构，是指一日三餐中各类食物的种类、数量及所占比例。

评价一个膳食模式是否合理，常常是通过调查一段时间内膳食中各类食物的量，以及所能提供的能量和营养素的数量，以是否满足人体需要及健康状况来判断。

六、什么是平衡膳食

平衡膳食是指按照不同年龄、身体活动和能量的需要所设计的膳食模式，能最大程度地满足不同年龄阶段、不同能量水平的健康人群的营养与健康需要。这里讲的"平衡"，包括人体对食物与营养素需要的平衡和能量摄入与运动消耗的平衡。

合理营养是人体健康的物质基础，平衡膳食则是实现合理营养的根本途径。科学证据和实践已经证明，改善膳食结构、均衡饮食和增加运动量能促进个人健康、增强体质、减少慢性病的发生。

七、营养素的功能

（1）蛋白质。没有蛋白质就没有生命。蛋白质是组成人体细胞和修补破损细胞的主要原料，是生命的物质基础，占人体重量的 17%，又是构成各

种酶、抗体和某些激素的主要成分。对促进生长发育，维持体液的酸碱平衡和正常渗透压也起着重要作用，同时还提供热量。食物中蛋白质经胃肠消化

酶作用，成为简单的氨基酸被人体吸收。蛋白质长期缺乏时，可致儿童生长发育迟缓、体重减轻、容易疲劳、贫血、消瘦、抵抗力减弱、创伤和骨折不易愈合、乳母乳汁分泌减少，严重缺乏时可引起营养不良性水肿。

（2）碳水化合物（糖）。主要供给维持生命必需的动力（热量），参与构成核糖核酸、脱氧核糖核酸，保护肝脏功能。缺乏时，影响儿童的生长发育，也会使成年人易疲劳。

（3）脂肪。有维持体温、固定组织和保护脏器等作用，还有调节生理功能，输送脂溶性维生素（维生素A、维生素D、维生素E、维生素K）和其他物质等作用。但是过量脂肪易致肥胖症、糖尿病、心脏病。缺乏时，人体抵抗力减弱，肝及肾功能衰退。

（4）维生素。它是人体进行正常生理活动必需的营养素，大多数维生素是某些酶或辅酶（或辅基）的组成部分，在物质代谢过程中起着重要的作用。目前已知维生素有20多种，大多数不能在体内合成，必须由食物供给。与身体健康关系密切的维生素有下列几种：

①维生素A：增强身体对疾病的抵抗力，预防眼病，保护皮肤，促进生长发育。缺乏时，容易发生呼吸道传染病、夜盲症、干眼病、皮肤干燥、儿童发育不良等。

②维生素B_1（硫胺素）：维持心脏和神经系统的正常功能，增进食欲，消除疲劳，促进发育。缺乏时，易患脚气病、心跳失常、便秘、食欲减

退、发育迟缓等。

③维生素 B_2（核黄素）：是人体许多重要辅酶的组成成分，为细胞氧化所必需，促进生长发育，维护皮肤健康。缺乏时，易患口角炎、舌炎、唇炎、眼角膜炎、脂溢性皮炎、阴囊炎等。

④维生素 B_6：保护神经和皮肤健康，促进消化，预防癞皮病、贫血。缺乏时，易患癞皮病，出现食欲缺乏、消化不良、腹泻、记忆力减退等症状。

⑤维生素 C（抗坏血酸）：是一种活性很强的还原性物质，参与体内多种氧化还原反应，保持牙齿、骨骼、血管和肌肉的健康，对人体的抗病机能

有重要作用，也有助于吸收铁质。缺乏时，易导致倦怠、皮肤溃烂、牙龈出血、伤口不易愈合，严重时会引发坏血病等。

⑥维生素 D：调节钙、磷代谢，帮助人体吸收钙质和磷质，促进钙化，使牙齿、骨骼正常发育。缺乏时，儿童可患佝偻病，成人可患软骨病。

（5）矿物质。人体中矿物质含量较多的有钙、镁、钾、钠、磷、硫、氯共 7 种，占总量的 60% ～ 70%，其他如铁、铜、碘、锰、钼、铬、氟等含量很少，称为微量元素。矿物质是构成人体组织的重要成分，能促进人体新陈代谢，调节生理功能，维持神经和肌肉的正常活动。钙、铁、碘在日常生活中容易缺乏，是严重影响健康的三种矿物质。

钙是构成牙齿、骨骼的重要成分，也是促进血液凝固的物质。缺乏时，可致骨骼发育不良、骨质疏松，幼儿易患佝偻病等。

铁是构成红细胞的主要成分。缺乏时，易贫血、体弱、疲劳等。

碘是组成人体甲状腺素的主要成分。缺乏时，易患甲状腺肿大症（大脖子病）和甲状腺功能减退（甲减）。

（6）水。维持人体内体液平衡，调节体温，促进新陈代谢和废物排出。缺乏时，易消化不良、便秘、皮肤干燥、新陈代谢受阻，严重时可脱水，甚至死亡。

（7）膳食纤维。吸附大量水分，促进肠蠕动，保持大便通畅，降低胆固

醇，预防肥胖、动脉粥样硬化和心脏病，还可提高胆汁酸的再吸收量，促进消化，可预防胆结石、十二指肠溃疡、溃疡性肠炎等。膳食纤维缺乏时，可引起便秘、结肠癌、痔疮等。

八、能量

能量是由食物中的蛋白质、脂肪和碳水化合物在体内经过氧化代谢所释放出来的热能（热量），这三者一般称为三大能量营养素。人体的能量消耗包括基础代谢（是指维持生命的最低能量消耗）、体力活动（运动）和食物热效应（指因摄食而引起能量的额外消耗）三个方面，儿童还要提供生长发育需要的能量。为了达到能量的平衡，人体每天摄入的能量应恰好能满足这三个方面的需要，这样才能有健康的体质和良好的工作效率。

九、生命早期1000天营养健康行动工作任务

国务院办公厅印发的《国民营养计划（2017—2030年）》（国办发〔2017〕60号）指出，要开展六项重大行动，第一项就是：生命早期1000天营养健康行动。具体的工作任务是：

开展孕前和孕产期营养评价与膳食指导。推进县级以上妇幼保健机构对孕妇进行营养指导，将营养评价和膳食指导纳入我国孕前和孕期检查。开展孕产妇的营养筛查和干预，降低低出生体重儿和巨大儿出生率。

建立生命早期1000天营养咨询平台，实施妇幼人群营养干预计划。继续推进农村妇女补充叶酸预防神经管畸形项目，积极引导围孕期妇女加强含叶酸、铁在内的多种微量营养素补充，降低孕妇贫血率，预防儿童营养缺乏。在合理膳食基础上，推动开展孕妇营养干预项目。

提高母乳喂养率，培养科学喂养行为习惯。进一步完善母乳喂养保障制度，改善母乳喂养环境，在公共场所和机关、企事业单位建立母婴室。研究制定婴幼儿科学喂养策略，宣传引导合理辅食喂养。加强对婴幼儿腹泻、营养不

良病例的监测预警，研究制定实施婴幼儿食源性疾病（腹泻等）的防控策略。

提高婴幼儿食品质量与安全水平，推动产业健康发展。加强婴幼儿配方食品及辅助食品营养成分和重点污染物监测，及时修订完善婴幼儿配方食品及辅助食品标准，提高研发能力，持续提升婴幼儿配方食品及辅助食品质量。

链接：生命早期 1000 天

2008 年，世界权威医学杂志《柳叶刀》（英国）连续发表关于母亲与儿童营养不良的系列文章，根据相关母婴营养不良调查资料，分析母亲与儿童营养不良增加儿童的患病率、死亡率和疾病负担，发现 35% 的儿童死亡和 11% 的全球疾病负担与营养因素相关，证实生命早期 1000 天的营养不足对儿童健康、认知和体格发育有不可逆的长期影响。

● "生命最初的1000天"，即从母亲怀孕到婴儿出生后2岁

2010 年 4 月 21 日，在纽约召开的儿童早期营养国际高层会议上一致认同母亲和儿童是改善全球营养的关键，明确生命最初 1000 天的概念，提出"1000 天：改变人生，改变未来"，在全球推动以改善婴幼儿营养为目的的1000 天行动。

生命早期 1000 天是指从女性怀孕的胎儿期（270 天）到婴幼儿出生之后的 2 岁（730 天），这 1000 天被世界卫生组织定义为一个人生长发育的"机遇窗口期"，是决定人一生健康的关键时期，生命早期 1000 天的良好营养

是胚胎和婴幼儿体格生长和智力发育的基础，可降低成年后发生肥胖，以及高血压、冠心病和糖尿病等慢性疾病的风险，对终生健康发挥很大影响。

十、母乳喂养工作发展背景

母乳喂养关系到母婴双方及其家庭和整个社会的健康水平。根据世界卫生组织的通报，在全球每年 1090 万 5 岁以下儿童死亡中，60% 是由于直接或间接营养不良造成的，而超过 2/3 的死亡发生在新生儿出生后 1 年内，且全球 6 月龄内婴儿的纯母乳喂养率不超过 35%。现有大量研究证明：母乳喂养能够降低新生儿出生后第一年的患病率和死亡率。

1990 年，联合国召开的"世界儿童问题首脑会议"，通过《伊诺森蒂宣言》，提出的重要目标之一就是保护、促进和支持母乳喂养，这是国际社会继倡导儿童计划免疫后保护儿童健康的又一项重大技术对策。世界卫生组织发出全球性倡议，强调婴儿在出生后 6 个月内应进行纯母乳喂养，并建议在添加辅食的基础上，继续母乳喂养至出生后 2 年或更长时间。世界卫生组织和联合国儿童基金会在 1991 年联合发起了"爱婴医院计划"，鼓励医院及产科机构为母亲及婴儿提供最理想的照护，帮助母亲成功地进行和维持母乳喂养。

我国政府高度重视母婴健康工作，自 1992 年以来，开展了大规模的以"促进母乳喂养，创建爱婴医院"为起点的爱婴行动。2001 年，我国颁布了《中国儿童发展纲要（2001—2010）》，提出 2001—2010 年以省（自治区、直辖市）为单位产后 4 ~ 6 个月母乳喂养率达 85% 的目标。2002 年，卫生部下发了《爱婴医院管理监督指南》，对各医院开展母乳喂养的宣传与培训、实施与措施、监督与考核提出了明确的工作指标，有力地推动了全国各地创建爱婴医院的工作，促进了母乳喂养的开展。

国务院在 2011 年颁布的《中国儿童发展纲要（2011—2020）》更强调纯母乳喂养，提出："0 ~ 6 个月婴儿纯母乳喂养率达到 50% 以上"，鼓励医务工作者和母婴家庭掌握母乳喂养的新观念和新技能，全社会积极支持母乳喂养工作，着力提高 6 个月内纯母乳喂养率，切实保障母婴身体健康。

十一、促进母乳喂养成功的十项措施

为了保护、促进和支持母乳喂养工作，世界卫生组织和联合国儿童基金会制定了《促进母乳喂养成功的十项措施（2018 年更新版）》和《国际母乳代用品销售守则》。

（一）《促进母乳喂养成功十项措施（2018年更新版）》

（1）完全遵守《国际母乳代用品销售守则》和世界卫生大会相关决议；制定书面的婴儿喂养政策，并定期与员工及家长沟通；建立持续的监控和数据管理系统。

（2）确保工作人员有足够的知识、能力和技能以支持母乳喂养。

（3）与孕妇及其家属讨论母乳喂养的重要性和实现方法。

（4）分娩后即刻实施不间断的肌肤接触，帮助母亲尽快开始母乳喂养。

（5）支持母亲早开奶，维持母乳喂养以及应对母乳喂养常见的困难。

（6）除非有医学指征，否则不要给母乳喂养的新生儿提供母乳以外的任何食物或液体。

（7）让母婴共处，实行24小时母婴同室。

（8）帮助母亲识别和回应婴儿需要进食的迹象。

（9）向母亲就奶瓶、人工奶嘴和安抚奶嘴的使用及风险提出劝告。

（10）出院协调，以便父母及其婴儿能够及时获得持续的支持和照护。

（二）《国际母乳代用品销售守则》

（1）禁止对公众进行母乳代用品、奶瓶及奶嘴的广告宣传。

（2）禁止向母亲免费提供乳品样品。

（3）禁止在卫生保健机构中使用这些产品。

（4）禁止公司向母亲推销这些产品。

（5）禁止向卫生保健工作者赠送礼品或样品。

（6）禁止以文字或图画等形式宣传人工喂养，包括在产品标签上印婴儿的图片。

（7）向卫生保健工作者提供的资料必须具有科学性和真实性。

（8）有关人工喂养的所有资料包括产品标签，都应该说明母乳喂养的优点及人工喂养的代价与危害。

（9）不适当的产品，如加糖炼乳，不应推销给婴儿。

（10）所有的母乳代用品必须是高质量的，同时要考虑到使用这些食品国家的气候条件及储存条件。

第二部分　婴幼儿健康喂养指南

婴幼儿健康喂养指南区别于一般人群膳食指南的喂养指导，自成系统。新生儿出生后至满 2 周岁期间，是人一生中生命早期 1000 天关键窗口期的 2/3 时间的重要阶段，该阶段的科学喂养和充足营养是儿童近期和远期健康最重要的保障。生命早期的喂养和营养对婴幼儿的体格生长、神经系统和智力发育、生理代谢和免疫功能建立等可产生至关重要的影响。

　　为了帮助父母科学合理地喂养婴幼儿，使每一位婴幼儿都能得到充足的营养，健康快乐的生长，根据婴幼儿生长发育的特点和当前婴幼儿喂养和营养方面存在的各种问题，充分汲取近年来国内外的婴幼儿营养学研究成果，并结合国务院办公厅印发的《国民营养计划（2017—2030 年）》和卫生健康行政部门关于儿童系统管理的相关工作要求，参考世界卫生组织、联合国儿童基金会的相关建议，编写了本指南。

　　本指南分为两个部分：一是针对出生后 180 天内的婴儿制定了 6 月龄内婴儿的母乳喂养指南，主要以纯母乳喂养为目标，鼓励尽早开奶及认真对待、正确解决母乳喂养中遇到的实际问题，以成功进行纯母乳喂养，促进婴儿健康生长。二是针对 7～24 月龄婴幼儿制定喂养指南，主要内容是在继

续母乳喂养的基础上，以食物转换补充营养和培育良好饮食行为习惯，以婴幼儿健康生长为目标进行辅食添加，包括方法、方式、食物选择和喂养效果评价等，强调顺应性喂养模式，有助于婴幼儿健康饮食习惯的形成。

一、6月龄内婴儿母乳喂养指南

本指南适用于出生至180天内的婴儿。0～6月龄是婴幼儿一生中生长发育的第一个高峰期，对能量和营养素的需要高于其他任何时期。但同时，婴儿消化器官和排泄器官尚未发育成熟，消化吸收生理功能不健全，对食物的消化吸收能力及代谢废物的排泄能力较低。在此情况下，只有母乳可以满足6月龄内婴儿生长发育的营养需要，既能提供优质、全面、充足和结构适宜的营养素，又能完美地适应其尚欠成熟的消化能力，促进消化系统器官发育和功能完善。

6月龄内婴儿需要完成从宫内依赖母体营养到宫外依赖食物营养的食物依赖转变和食物途径过渡，而母乳正是完成这一转变和过渡过程最好的食物，其他任何食物的喂养方式和营养都不能与母乳喂养相媲美。因为，母乳中的营养素和多种生物活性物质构成了特殊的生物生理系统，为婴儿提供肠道和神经发育、免疫获得、生理功能完善等全方位健康助力，保证婴儿在离开母体后，能顺利地适应大自然的生态环境和社会环境，得以健康成长。

6月龄内婴儿处于生命早期1000天机遇窗口期的第二个阶段，营养作为最主要的环境因素对其生长发育和后续健康持续产生至关重要的影响。母乳中适宜水平的营养既能提供婴儿充足而适量的能量，又能避免过度喂养，使婴儿获得最佳的、健康的生长速率，降低远期健康风险，为一生的健康奠定扎实的基础。因此，必须保证对6月龄内的婴儿给予纯母乳喂养。核心重点推荐如下六个方面：

推荐一　分娩后尽早开奶，初乳要充分利用

推荐二　坚持纯母乳喂养，保证婴儿健康

推荐三　顺应喂养须遵循，规律喂养是目标

推荐四　维生素D须补充，维生素K也别忘

推荐五　不能母乳喂养时，无奈选择配方奶

推荐六　定期测身长体重，营养状况掌握牢

推荐一 分娩后尽早开奶，初乳要充分利用

【引言简介】

初乳富含营养和免疫活性物质，有助于新生儿消化排泄系统、神经系统发育和功能完善，并提供免疫保护，增强抗感染能力。母亲分娩后应尽早开奶，让婴儿开始吸吮乳头获得初乳，并借此刺激泌乳，增加乳汁分泌。婴儿出生后第一口食物应是母乳，这有利于减轻新生儿黄疸症状，预防婴儿过敏、体重下降和低血糖的发生。要让婴儿尽早反复吸吮乳头，是确保成功

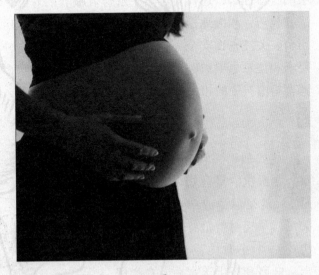

纯母乳喂养的关键。婴儿出生时，体内具有一定的能量储备，可满足至少3天的代谢需求，所以，开奶过程中要密切关注新生儿体重，体重下降不超过出生体重的7%的情况下无须担心新生儿饥饿。而温馨的喂哺环境、愉悦的情绪、家属的精神鼓励、辅以乳腺按摩等外部因素，有助于顺利成功开奶。而且，准备母乳喂养应从孕期开始。

【关键推荐】

1. 分娩后尽早开始让婴儿反复吸吮乳头。

2. 婴儿出生后的第一口食物应该是母乳。

3. 新生儿出生后体重下降只要不超过出生体重的7%，就应坚持纯母乳喂养。

4. 婴儿吸吮前不需过分擦拭或消毒乳头。

5. 温馨环境、愉悦心情、精神鼓励、乳腺按摩等辅助因素，有助于顺利成功开奶。

【重点解读】

1. 孕期做好母乳喂养准备是前提

母乳喂养对婴幼儿和妈妈都是最好的选择，成功的母乳喂养不仅需要健康的身体准备，还需要尽早了解母乳喂养的好处，了解和学习母乳喂养的方法和技巧，积极地做好心理准备、营养准备、乳房护理准备，孕期注意审慎用药、关注食物安全等，为母乳喂养做好各项充分的准备工作，具体的相关要求和注意事项请阅读本套丛书之《特定人群膳食指南》读本的《孕妇乳母膳食指南》中的相关内容。

2. 尽早开奶是关键

妈妈如果顺利分娩，母子健康状况良好，婴幼儿娩出后应与妈妈早接触、早吸吮、早开奶，称为"三早"，这是保证成功母乳喂养的关键。早接触就是要求在婴幼儿出生后半小时内，即婴幼儿娩出、断脐和擦干羊水后，在产房里就可立即将其放在妈妈身边，与妈妈皮肤接触，可让婴幼儿保持皮肤温度的稳定，切身感受到妈妈的心跳以获得安全感，而且亲子的接触使妈妈心情愉快，更能刺激乳汁的分泌。刚出生的婴幼儿本能地具备很强烈的觅食和吸吮反射能力，妈妈也十分渴望看见刚降世的婴幼儿，故婴幼儿的第一口食物应该是母乳。妈妈对早接触要有心理准备，不能因婴幼儿刚出生认为不干净而不乐意接受。

母子接触后要做的第一件事是尽快让婴幼儿吸吮妈妈乳头，刺激乳腺乳晕中的蒙哥马利腺体分泌婴幼儿特别敏感的气味，吸引婴幼儿通过鼻子的嗅觉及面颊和口腔触觉来寻找和接近乳头，通过吸吮还可刺激催乳激素的分

泌，进而促进乳腺分泌乳汁。研究表明，吸吮能帮助刚出生的婴幼儿建立和强化吸吮、催乳激素、乳腺分泌三者之间的反射联系，为纯母乳喂养的成功提供保障。吸吮还能刺激子宫收缩，有利于减少子宫出血。

早吸吮带来早开奶，尽早开奶是纯母乳喂养成功的必须要求。泌乳活动是母子双方协同完成的过程。让新生儿尽早、持续地吸吮乳头，有利于刺激乳汁分泌，是保证成功开奶的关键措施。可让婴幼儿分别吸吮双侧乳头各 3 ～ 5 min，此时可吸吮出数毫升初乳。在正常分娩的情况下，不宜添加糖水、果汁和奶粉，以避免降低婴幼儿吸吮的积极性，减少母乳摄入，进而影响母亲的乳汁分泌。也可降低婴幼儿过早接触母乳外任何膳食性物质带来的过敏风险。

婴幼儿出生时已具备良好的吸吮条件反射和吸吮能力，但胃容量小，肠黏膜发育不完善，消化酶不成熟。而母乳尤其是初乳既能很好地满足新生儿的营养需要，又能适应其消化和代谢能力，是帮助刚出生的婴幼儿自主获取液体、能量和营养素的最理想食物。如果刚出生的婴幼儿第一口不是母乳，而是配方奶粉，所摄入的异原蛋白质极有可能成为引起迟发性过敏反应的过敏原。因为新生儿肠道黏膜发育及功能不成熟，肠道菌群屏障尚未建立，异原性大分子蛋白质就很容易透过肠黏膜细胞间隙进入体内，致敏不成熟的免疫系统。

开奶初期对婴幼儿饥饿和低血糖的担心，也常常是妈妈们会放弃等待乳汁分泌、不能做到婴幼儿的第一口食物是母乳的重要因素。实际上，刚出生的婴幼儿体内具有一定的能量储备和血糖维持能力，尤其是体内含有较为丰富的可以快速供能的棕色脂肪。婴幼儿出生后 3 天内，在体重丢失不超过 7% 的情况下发生严重脱水和低血糖的风险很低。实践表明，在此条件下尽早开奶，坚持等待乳汁分泌，坚持婴幼儿的第一口食物是母乳，既是可行的，也是必须的。

3. 认识初乳

初乳是指母亲分娩后 1 周内分泌的乳汁，因含有丰富的 β- 胡萝卜素而略呈淡黄色，质地黏稠，含有丰富的营养和免疫活性物质，脂肪含量少，以蛋白质为主，蛋白质含量可达到 20 ～ 30 g/L，为成熟乳的 2 ～ 3 倍，其中近 90% 的蛋白质是乳清蛋白，其氨基酸构成最接近婴幼儿需要。初乳蛋白质含有浓度极高的免疫球蛋白、初乳小球（充满脂肪颗粒的免疫活性细胞）、白细胞介素、乳铁蛋白、低聚糖（益生元）、维生素 A、牛磺酸，以及丰富的矿物质，因而对新生儿良好发育、抵抗感染、健康生长具有十分重要的作用。比如乳铁蛋白可与细菌代谢竞争性地结合婴幼儿体内的铁，才能使机体内的铁输送到需要合成各种含铁蛋白质（如携带血红素的血红蛋白、肌红蛋白和部分氧化酶）的地方，从而起到抑制细菌生长，减少细菌性疾病发生风险的作用，发挥抵抗感染、增强婴儿抗病能力的功效；牛磺酸即 β-氨基乙磺酸，能促进婴幼儿脑组织和智力发育，提高神经传导和视觉机能，增强机体免疫力；低聚糖可作为肠道中双歧杆菌、乳酸杆菌等益生菌的代谢底物，促进益生菌的定植和生长，有利于婴幼儿快速建立正常的肠道微生态环境，既可提高肠黏膜屏障的作用，有效减少异原蛋白质大分子暴露，又能很好地刺激肠道免疫系统平衡地发展，是预防过敏性疾病发生的重要保障。同时，正常肠道菌群建立还有利于维生素，特别是维生素 K 的合成。因此，对婴幼儿来说，初乳是弥足珍贵的，务必充分利用好。

产后第 2 周的乳汁称为过渡乳，过渡乳中蛋白质、免疫球蛋白、脂溶性

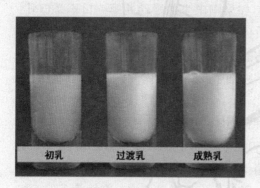

初乳　　过渡乳　　成熟乳

维生素特别是维生素 A 以及部分矿物质呈现下降趋势，而脂肪、乳糖、水溶性维生素（B 族维生素和维生素 C）等则呈增加趋势。

产后 14 天以后的乳汁称为成熟乳，哺乳时开始部分的乳汁较为稀薄，随后的乳汁逐渐黏稠，由于脂肪含量高而呈乳白色，易使婴幼儿产生饱足感而能安静入睡。

4.哺喂方法很重要

哺喂婴幼儿时，母亲可以体验自己认为比较适宜的哺乳姿势，比如坐姿抱球样哺喂，也可以侧卧哺喂。哺喂时应该两侧乳房轮流喂，吸尽一侧再吸吮另一侧。若一侧乳房奶量已能满足婴幼儿需要，应将另一侧乳汁用吸奶器吸出。完成喂奶后，不要马上把婴幼儿放在床上，应将婴幼儿竖直抱起，让婴幼儿的头靠在妈妈肩上，一只手托住婴幼儿的臀部，另一只手轻拍

婴幼儿背部，使吞入胃里的空气排出，以防止溢奶。

若哺喂时婴幼儿含着乳头睡着了，或妈妈因故需中断婴幼儿吸吮时，妈妈可用手指轻按婴幼儿嘴角将乳头滑出，切忌用力生硬拉出以免乳头损伤，还可避免婴幼儿受到惊吓。

至于夜间哺乳要特别注意安全的问题。夜间最好是坐姿哺乳，避免躺着哺乳。因为夜间妈妈往往比较困顿，常处于朦胧状态，躺着给婴幼儿喂奶，容易忽视乳房是否会堵住婴幼儿的鼻孔，使婴幼儿发生呼吸困难，更可能因溢乳而发生窒息。而坐姿哺喂，相对能保持清醒，并关注婴幼儿呼吸是否顺畅。再则夜里光线昏暗，不容易看清婴幼儿的脸色变化，也不容易发现婴幼儿是否溢奶。因此，夜间哺乳时室内光线不要太暗，喂奶后仍要竖抱起婴幼儿进行拍嗝。观察一会儿待婴幼儿安稳入睡后方可关灯睡觉。

对于一个婴幼儿，母乳喂养不成问题。但如果是双胞胎，那作为两个婴幼儿的妈妈在哺乳时就要格外注意，如何做到同时哺喂好两个婴幼儿。首先要讲究哺乳的姿势，在实践中体验积累既能使两个婴幼儿顺利吸吮到乳汁，妈妈又不致太劳累的哺乳姿势，可以根据婴幼儿的睡眠情况采取两人同时喂或分别喂（一人睡一人醒）的方式，同时喂一般妈妈采取坐喂抱球式，将两个婴幼儿放在妈妈的两侧腋下，两手分别托住两个婴幼儿的头部；分别喂就相当于一个婴幼儿的哺喂方法；其次每次喂奶时，两个婴幼儿要交换所吸乳房，避免因婴幼儿食量不同造成乳房泌乳不均衡的问题，这对婴幼儿视力的锻炼也有益处，要注意同时喂或分别喂时都应坚持交换所吸乳房；再次是夜间哺喂要十分注意安全的问题，不要顾此失彼，避免不愉快的事情发生。

婴幼儿在哺喂过程中有时会出现吐奶的情况，给妈妈和爸爸带来不安。实际上，婴幼儿吐奶有溢奶和呕吐两种情况，需要区别对待。多数情况下，婴幼儿吐奶是一种正常的生理现象。因为婴幼儿的胃很小，贲门也较松弛，所以在平卧时乳汁易于回流从口边溢出，形似呕吐状，但这时如果婴幼儿表情平静，无痛苦状，吐后不哭，称为溢奶，属正常现象，并会随着婴幼儿的长大而逐渐减少。另外，如果婴幼儿吃奶时吸入空气过多，或人工喂养时橡皮乳头开孔过大，吃奶速度过快量又过多等，也会引起溢奶。而呕吐是指婴幼儿喂奶后出现较强烈的甚至剧烈的恶心呕吐，有的从口中喷射而出，多次喷射后可伴随黄绿色或咖啡色液，婴幼儿表情痛苦，大声哭闹。虽然喂养不当或婴幼儿出现暂时性功能失调也可致呕吐，但一般不会是剧烈的、喷射状呕吐。这时要引起妈妈和爸爸的格外注意，要考虑到是否是疾病引起的，及时带婴幼儿去医院检查治疗。

5.促进乳汁分泌有方法

对许多初为人母、决定母乳喂养的乳母来说，如果泌乳量不足，是很有挫败感的，会感到很沮丧，进而对母乳喂养产生动摇。其实，乳母只要有自信，加上方法得当，泌乳量不足的问题是可以得到解决的。

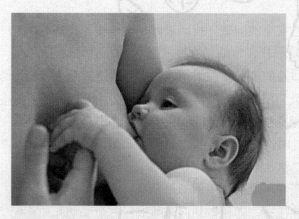

（1）愉悦心情，增加自信。乳母的心理及精神状态也可影响乳汁分泌，保持愉悦心情，对于成功母乳喂养非常重要。焦虑会妨碍乳汁的泌出。不少乳母发现，当自身因各种原因有压力时或是出现一些大的情感波动时，如生病、家中出现变故，或工作突然变得繁忙时，她们的泌乳量都会减少，这是因为她们的泌乳机制被打乱了。身心放松可以降低体内的压力激素，让泌乳激素更有效地运作。因此，乳母自身要保持心情愉快，家人应充分关心乳母，经常与乳母沟通，帮助其调整心态，舒缓压力，树立母乳喂养的自信心。

（2）尽早开奶，频繁吸吮。分娩后开奶越早越好；坚持让婴幼儿频繁吸吮（24小时内至少10次）；吸吮时将乳头和乳晕的大部分同时含入婴幼儿口中，让婴幼儿吸吮时能用鼻推压、充分挤压乳晕下的乳窦，使乳汁排出，又能有效刺激乳头上的感觉神经末梢，促进泌乳反射，使乳汁越吸越多。如果哺喂时婴幼儿仅吸吮乳头，不仅会使妈妈感到疼痛，而且婴幼儿吸吮到的乳汁也不多，久而久之会引起婴幼儿哭闹直至拒绝吸吮。

必要时，比如由于各种原因出现婴儿吸吮次数过少的，可以通过吸奶泵吸奶等辅助手段，促使增加乳汁分泌。

（3）两侧轮流，加倍喂奶。为增加泌乳量，乳房需更多来自婴幼儿的刺激，需要增加喂奶的次数，至少每两小时喂婴幼儿一次。白天，婴幼儿如果睡觉超过两小时，就唤醒他吃奶。晚上，也至少唤醒婴幼儿一次，多喂一次奶。有些婴幼儿，特别是性格温和喜欢嗜睡的婴幼儿，如果妈妈不加引导，他们主动要求吃奶的次数会不足以满足他们的生长需求，需要更积极主动地给婴幼儿提供吃奶的机会。喂哺时，应是两侧乳房轮流喂哺，以每侧喂

10 min 左右为宜，可以促进乳汁分泌，并且还可以预防乳头皲裂、乳汁淤积和乳腺炎等疾病，因为婴幼儿若总是长时间吮吸一侧乳房，就会增加乳头的负担，而母亲老是保持一个姿势也会疲劳。同时，在婴幼儿初步吃饱之后，不要立即放下婴幼儿让他睡着，而是竖直地抱一会，让他保持清醒，待他胃里的气泡排出来后，胃里又有了空间，可以继续喂奶，让他吃饱。加倍喂奶和两侧乳房轮流喂奶一样，能够刺激更多的泌乳反射，增加乳汁的分泌量。

（4）合理营养，多喝汤水。乳母充足的营养是泌乳的基础，而食物多样化是充足营养的根本。除补充能量和营养素外，乳母每天的摄水量与乳汁分泌量也密切相关，所以乳母每天应多喝水，多吃流质的食物，如鸡汤、鲜鱼汤、猪蹄汤、排骨汤、紫菜汤、豆腐汤等，保证每餐都有带汤水的食物。研究表明：大豆、花生加上各种肉类，如猪腿、猪排骨或猪尾等煮汤，以及鲫鱼汤、黄花菜鸡汤、鸡蛋汤等均能促进乳汁分泌。

需要注意的是，乳母在哺乳期间，要避免摄入影响乳汁分泌的食物。哪些是容易影响乳汁分泌的食物呢？一是韭菜、麦芽糖、人参等会抑制乳汁分泌。二是刺激性的食物，包括辛辣的调味料、咖啡、酒等。三是油炸、高脂肪的食物，这种食物不仅不容易消化，而且热量偏高，应避免摄取。另外，某些药物会抑制乳汁的分泌，并对婴幼儿产生不良影响。因此，哺乳妈妈在吃药前，一定要充分咨询医生。

（5）生活规律，睡眠充足。尽量做到生活有规律，每天保证 8 h 以上睡眠时间，避免过度疲劳。

6. 乳汁分泌量的判断依据

妈妈每天乳汁分泌是否充足，能否满足婴幼儿的需要量，对此妈妈应该有一个基本的判断，做到心中有数。

（1）从总体来说，婴幼儿生长正常，符合月龄的体重增加规律，这是判断乳量充足的重要指标，如 0～3 月龄，每月应增加 1.0～1.1 kg，至 3～4

月龄，婴幼儿体重应增加为婴幼儿出生时的 1 倍及以上。

（2）日常哺喂时，每天能够得到 8～12 次较为满足的母乳喂养，婴幼儿有节律地吸吮，并可听见明显的、持续的吞咽声，每次哺乳后婴幼儿感到满足。

（3）尿量适当，色淡黄，出生后最初 2 天，婴幼儿每天至少排尿 1～2次；如果有粉红色尿酸盐结晶的尿，应在出生后第 3 天消失；从出生后第 3天开始，每 24 h 排尿应达到 6～8 次，或每天有 3～4 个被尿渗透的尿不湿片，5～7 月龄每天排尿应多于 6 次。出生后每 24 h 至少排便 3～4 次，每次大便应多于一大汤匙；出生第 3 天后，每天可排糊状黄便 4(量多)～10次（量少）。

（4）为顺利进行纯母乳喂养，出生后 2～4 周内应避免给婴幼儿补充配方奶、水，或用安抚奶嘴，或交替进行母乳与配方奶喂养，因为这样做均可减少婴幼儿对妈妈乳房的刺激，使母乳量逐渐减少，最后导致很早断离母乳。

（5）正常情况下，妈妈分娩后 2 周，乳房开始变小，这是正常的生理回缩，不能作为判断乳汁分泌量减少的依据。当婴幼儿出现觅食反射、频繁吸吮手指、出现焦躁不安、欲哭表情或小嘴巴发出"吧唧"声，此为婴幼儿表达饥饿的反应，应及时哺喂。不宜等婴儿持续哭闹才哺乳，因为等到婴幼儿哭闹时已表示其很饥饿。一般来说，婴幼儿出生后 8～12 日，或 6 周龄，或 3 月龄时常常可出现进食频繁现象，提示婴幼儿可能短期内出现生长加速的情况。

推荐二　坚持纯母乳喂养，保证婴儿健康

【引言简介】

母乳是婴儿最理想的食物，母乳喂养有利于肠道健康微生态环境建立和肠道功能成熟，降低感染性疾病和发生过敏的风险。母乳喂养营造母子情感交流的环境，给婴儿最大的安全感，有利于婴儿心理健康和情感发展。

母乳是最佳的营养支持，母乳喂养经济、安全又方便，并有利于避免母体产后体重肥胖，降低母体乳腺癌、卵巢癌、子宫内膜癌和 2 型糖尿病的发病风险。研究表明，母乳喂养的婴幼儿智力发育远好于非母乳喂养的婴幼儿。应坚持纯母乳喂养 6 个月。母乳喂养需要全社会的努力、专业人员的技

术指导，家庭与社区和所在单位应积极支持。要充分利用政策和法律保护和促进母乳喂养。

【关键推荐】

1. 应坚持纯母乳喂养 6 个月。

2. 按需哺乳，两侧乳房交替哺喂；每天 6～8 次或更多。

3. 坚持让婴儿直接吸母乳，尽可能不使用奶瓶间接喂哺人工挤出的母乳。

4. 特殊情况需要在满 6 月龄前添加辅食的，应咨询医生或其他专业人员后谨慎作出决定。

【重点解读】

1. 纯母乳喂养好处多

母乳喂养是指在出生后 6 个月内完全以母乳作为满足婴幼儿的全部能量和营养素需要的喂养方式。即使在 7～24 月龄时，仍应继续母乳喂养，甚至延续到 2 周岁或以上，母乳喂养时间越长，母子双方受益越多。世界卫生组织认为，母乳喂养可以降低儿童的死亡率和患病率，其对健康的益处可以延续到成人期。世界卫生组织和联合国儿童基金会联合推荐 0～6 月龄婴儿完全由母乳喂养，并且在婴儿出生的头一个小时里就开始母乳喂养。

母乳是婴幼儿最理想的食物，对母婴来说，母乳喂养可以归纳为三大好处：

（1）给婴幼儿提供全面营养。按我国乳母 0～6 月龄内每天平均泌乳量为 750 mL 评估，其所含能量及各种营养素，能满足 6 月龄内婴幼儿生长发育的营养需要。如母乳中的高脂肪含量（供能比为 48%）能满足婴幼儿生长和能量储备的需要，所含二十二碳六烯酸能满足婴幼儿脑发育的需要；母乳所含的营养物质齐全，生物利用率高，所以非常适合婴幼儿生理

特点和快速生长发育的需要。其蛋白质含量不高，每 100 mL 母乳含蛋白质约 1.1 g，虽仅为市售纯牛奶的 1/3，但氨基酸组成比例适宜，且以 α- 乳清蛋白为主，有最佳的必需氨基酸组成和最佳消化利用率，不过多增加婴幼儿肠道渗透压和肾脏的负担。母乳中含有较多牛磺酸，可以提供脑及视网膜发育的需要。母乳还含有丰富的必需脂肪酸，而且比牛奶更易消化吸收。母乳的钙含量低于牛奶，但钙、磷比例为 2 ∶ 1，比例非常适当，有利于钙的吸收。母乳中铁含量与牛奶相当，但吸收率远高于牛奶。由于母乳中矿物质的含量适当，渗透压比牛奶低，所以更符合婴幼儿肾脏的耐受能力。另外，母乳中的维生素含量受乳母膳食摄入的影响，维生素 A、维生素 E、维生素 C 一般都高于牛奶。

（2）降低疾病风险。母乳含丰富的免疫活性物质（免疫因子）和免疫细胞，前者比如分泌型免疫球蛋白、乳铁蛋白、溶菌酶、纤维结合蛋白、双歧因子等，后者如巨噬细胞、淋巴细胞等，这对婴幼儿来说至关重要，可有效提高婴幼儿的免疫功能，抵抗感染，减少疾病的发生，有助于促进婴幼儿免疫系统的成熟。产后 7 天内乳母分泌的乳汁称为初乳，其质地黏稠，含有的蛋白质、长链多不饱和脂肪酸、微量元素、免疫活性物质都比成熟乳高许多，对婴幼儿弥足珍贵。因此，应尽早开奶，产后尽快让婴幼儿吸吮妈妈乳头，30 min 内即可喂初乳。尽早开奶还可减轻婴幼儿生理性黄疸、生理性体重下降和低血糖的发生。研究表明，出生后 6 个月内纯母乳喂养的婴幼儿，可明显降低婴儿腹泻的发病率和缩短病程，母乳喂养的婴儿坏死性肠炎发病率也显著低于用婴儿配方食品喂养的婴幼儿，也有利于减少新生儿肺炎、中

耳炎、败血症、脑膜炎及尿路感染等疾病的发生，并可降低乳母停经前发生乳腺癌与卵巢癌的风险。同时，纯母乳喂养对子代的过敏性疾病有保护作用，能有效地避免婴幼儿过早接触异源性蛋白质，减少对异源蛋白质的暴露水平，并且对婴幼儿早期健康生长发育和成年期慢性病风险具有保护效应。世界卫生组织 2013 年报告列出了纯母乳喂养对母子双方的多种益处，如纯母乳喂养 4 个月以上，可以降低 1 岁内婴儿下呼吸道感染风险的 72%，发生中耳炎的风险下降 23%，并提出了"婴儿应该纯母乳喂养 6 个月，以达到最佳的生长、发育和健康"的全球公共卫生策略。

（3）有益乳母健康。母乳喂养能给孩子充分的肌肤接触，有利于增进母子情感，促进婴幼儿的体格和智力发育。而且，母乳喂养对产妇恢复健康也有很多好处：婴幼儿对妈妈乳房不断地吸吮刺激使催乳素产生的同时促进缩宫素产生，缩宫素使子宫收缩，可减少产后出血，从而减少产后贫血的发生。而乳汁分泌本身就是消耗能量的过程，有利于降低孕期增加的体重，使乳母早日恢复到孕前的健康水平。同时，乳母的月经复潮及排卵较不哺乳者延长，母体内的蛋白质、铁和其他营养物质通过产后闭经得以储存，有利于产后恢复。

2. 母乳摄入量的判断

婴幼儿摄乳量受到多种因素的影响，但主要是满足婴幼儿自身的营养需要。一般来说，妈妈分泌的乳汁是完全能够满足婴幼儿需要的，因为乳汁分泌的多少主要取决于婴幼儿的摄乳量，婴幼儿摄入的乳量越多，妈妈分泌的乳汁也越多。

称体重

量身长

母乳喂养时，妈妈不需要将乳汁挤出称重来估计婴儿的摄乳量，可通过日常观察婴幼儿吃奶时的情绪或尿量来判断母乳摄入是否充足。一般来讲，可以从以下几个方面来观察并作出判断：

（1）生长发育情况。定期测量并记录婴幼儿的身长、体重、头围情况，分析一个阶段婴幼儿的生长是否正常，只要婴幼儿生长发育是正常的，就说明这个阶段母乳量是足够的。这是判断婴幼儿母乳摄入量是否足够的最基本、最灵敏的客观依据。

（2）平时哺喂情况。如通常妈妈哺喂前乳房饱满，哺喂后乳房柔软；喂奶时婴幼儿很平静，能听见其连续的吞咽声；两次喂奶之间，婴幼儿有满足感、安静状，需叫醒喂下次奶等。

（3）两便情况。婴幼儿每天能尿透 5 ～ 6 个尿不湿片，每天有 2 ～ 4 次糊状便，就说明婴幼儿每天是吃饱了的。

3. 如何进行间接喂哺

有些情况下，虽然母乳充足，但无法确保在婴幼儿饥饿时直接喂哺，比如危重早产儿，乳母上班期间等，这时只能采用间接哺喂的方式。就是用吸奶泵定时将母乳吸出并储存于冰箱或冰盒内，以允许保存的时间为前提，按婴幼儿需要的最短时间用奶瓶喂养。吸出母乳的保存条件和允许保存时间见表1。

表1　吸出母乳的保存条件和允许保存时间

保存条件和温度要求		允许保存时间
室温保存	室温存放（20 ～ 30℃）	4 h
冷藏	储存于便携式保温冰盒内（15℃以上温度）	24 h
	储存于冰箱保鲜区（4℃左右）	48 h
	储存于冰箱保鲜区，但经常开关冰箱门（4℃以上温度）	24 h
冷冻	冷冻室温度保持在 –15 ～ 5℃	3 ～ 6 个月
	低温冷冻（低于 –20℃）	6 ～ 12 个月

资料来源：引自《中国居民膳食指南（2016）》。

挤奶的方法与母乳保存、使用注意事项：

（1）手工挤奶的方法。用肥皂水清洗双手，用温湿毛巾擦拭乳房和乳头；用湿热毛巾敷双侧乳房 3 min 左右后，身体前倾，一边托起乳房，一边向乳头方向轻轻按摩乳房；用拇指和食指有节奏地向胸壁挤压乳晕，并在乳晕周围反复转动两手指位置，尽可能挤空乳腺管内的乳汁；储乳杯须经煮沸消毒后使用（也可用一次性储奶袋），储量以婴幼儿一次奶量为宜。

（2）保存母乳时，无论是室温、冷藏或冷冻保存，均需使用一次性储奶袋或储奶瓶，或者使用经过严格消毒的储奶瓶。冷藏时不要放在冰箱门上。冷冻保存母乳时不能使用玻璃瓶，应使用储奶袋，以防冻裂。保存母乳时，一定要在储奶袋或储奶瓶外详细记录取奶的时间，这个步骤非常重要，要具体记录到年、月、日、时、分。一般情况下，总是先从日期最远的母乳开始解冻喂婴幼儿。

（3）冷冻保存的母乳，使用前应放入冰箱的冷藏室先行解冻，但必须注意在冷藏室的时间不能超过 24 h。解冻的母乳不宜再次冷冻。

（4）保存的母乳使用前，先将储奶袋或储奶瓶置于温水加热，再倒入喂养奶瓶。对早产儿，可在储存母乳倒入喂养奶瓶时，加入母乳添加剂，混匀溶解后再喂哺。

（5）如果有足够的储奶袋，可以按婴幼儿平时的摄入量来储存，如婴幼儿每次吃 100 mL 左右的奶，就可以每袋储存 100 mL，方便一整袋拿出来解冻温热后直接让婴幼儿喝完，避免数量太多一次喝不完反复冷藏、温热，产生安全隐患。

4. 走出母乳喂养的误区

（1）认为"吸出乳汁再用奶瓶喂哺，可以很容易判断婴儿摄乳量"。婴幼儿摄乳量主要取决于其自身的营养需要，应"按需哺乳"，通过观察婴幼儿吃奶时的情绪、尿量和阶段性体重增加等来判断婴幼儿的母乳摄入量是否充足。没有必要吸出乳汁用奶瓶来"计量"，这反而增加了乳汁被污染的风险。

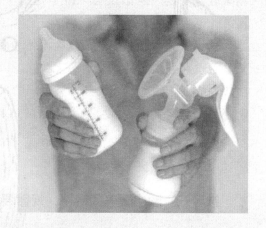

（2）认为"为了减少婴儿感染风险，喂奶前需要消毒妈妈乳头"。有的妈妈担心乳头不干净，怕给婴幼儿喂奶带来病菌感染，所以喂奶前会使用香皂清洗乳头，甚至用酒精给乳头消毒。殊不知这样做是很不恰当的。因为香皂类的去污物质会通过机械与化学作用洗去乳头皮肤表面的油脂和角化层细胞，造成乳头细胞分裂增生，容易导致乳头皲裂与感染。正确的方法是用温湿毛巾擦拭清洁即可。

（3）认为"有些妈妈的乳汁太稀、没有营养，需要添加奶粉补充营养"。产后 14 天以后的乳汁称为成熟乳，哺乳刚开始时的部分乳汁较为稀薄，但随后的乳汁逐渐黏稠，富含脂肪、乳糖、水溶性维生素（B 族维生素和维生素 C）等营养素。如果妈妈总是担心乳汁太稀没有营养，就可以做一些增进自己膳食营养的改善努力。所以在婴幼儿出生后 6 个月内的纯母乳喂养期，不建议添加奶粉补充营养的做法。

（4）认为"母乳喂养过频会使婴儿发胖"。一般来说，母乳喂养的婴幼儿具有按照自身的营养需要，自主调节母乳摄入量的本能。妈妈不用担心纯母乳喂养的婴幼儿由于吃奶太频繁而造成"过度喂养"。有的婴幼儿虽然吸吮需求很高，但吸到奶后容易产生饱腹感，何况吃奶很费力，一般不会费力到吃撑。

（5）认为"新生儿出生后可暂时用奶粉喂养，等待乳汁分泌"。尽早开奶是纯母乳喂养成功的必然要求，也是保证纯母乳喂养成功的关键措施，既可使婴幼儿获得珍贵的初乳，又可让婴幼儿尽早、持续地吸吮乳头，有利于刺激乳汁分泌。所以认为"新生儿出生后可暂时用奶粉喂养，等待乳汁分泌"的想法和做法是绝不可取的。

（6）认为"判断婴幼儿是否吃饱看其大便的次数就可以了"。判断婴幼儿是否吃饱主要通过观察其情绪和尿量以及体重增加情况，不能以其大便的次数为依据。因为，婴幼儿每天大便的次数和数量个体差异很大，有的每次吃奶都会排出一点大便，这是正常的口肠反射；也有的两三天才大便一次，但一次却拉很多，也属于正常情况。所以，婴幼儿是否吃饱不应该只看大便次数来判断。

推荐三　顺应喂养须遵循，规律喂养是目标

【引言简介】

母乳喂养应顺应婴幼儿胃肠道成熟和生长发育过程的需要，从按需喂养

模式到规律喂养模式递进。婴幼儿出现饥饿是按需喂养的基础，当婴幼儿饥饿时会引起哭闹，这时就应及时哺喂。妈妈不要刻板地强求每天喂奶的次数和时间，对 3 月龄以内的婴幼儿更是如此。

　　婴幼儿出生后 2 ～ 4 周就基本建立了自己的进食规律，妈妈也会明确感知其进食规律的时间信息。随着月龄增加，婴幼儿胃容量逐渐增大，单次摄乳量也随之增加，哺喂的间隔时间也会逐步延长，喂奶次数相对减少，逐渐建立起规律哺喂的良好饮食习惯。这时，如果婴幼儿出现哭闹明显不符合平日进食规律，首先应该排除非饥饿原因，比如是否有胃肠不适，或出现发热等情况。在非饥饿原因哭闹时增加哺喂次数并不能解决根本问题，应注意婴幼儿身体感观的变化，如体温、皮肤是否异常，哭闹不止的应及时就医。

【关键推荐】

　　1. 母乳喂养应从按需喂养模式到规律喂养模式递进。

　　2. 饥饿引起哭闹时应及时喂哺，不要强求喂奶次数和时间，但一般每天喂奶的次数可能在 8 次以上。

　　3. 随着婴幼儿月龄增加，逐渐减少喂奶次数，建立规律哺喂的良好饮食习惯。

　　4. 婴幼儿异常哭闹时，应考虑非饥饿原因，积极就医。

【重点解读】

1. 何谓顺应喂养

世界卫生组织和联合国儿童基金会早在 2003 年就提倡，应用社会心理关怀的原则，将顺应喂养（也称回应式喂养）的理念体现到各国婴幼儿喂养指南中。中国营养学会 2016 年编著的《6月龄内婴儿母乳喂养指南》和《7 ～ 24月龄婴幼儿喂养指南》都体现了顺应喂养的理念。6月龄内纯母乳喂养倡导的顺应喂养，就是要及时地对婴儿发出的进食需求，迅速作出喂养回应。应顺应婴幼儿胃肠道成熟和生长发育的需要，采用以婴幼儿主导、按需哺乳的喂养模式，倡导母子互动，妈妈（包括爸爸）要细心观察婴幼儿的需求，学会解读婴幼儿通过肢体语言、脸部表情，乃至哭闹等表达和传递的饥饿信息，及时作出哺喂反应，满足婴幼儿的需求。

2. 注意婴幼儿非饥饿原因哭闹

婴幼儿出生后最初几周内，鼓励妈妈每天进行 8 ～ 12 次喂哺。婴幼儿饥饿的早期表现包括警觉、身体扭动增加、脸部表情多异，之后才是哭闹。随着宝宝的生长进程，喂哺次数可减少至每天 8 次左右，宝宝最长夜间无喂哺睡眠可达到 5 小时左右。

除了因饥饿而表现哭闹外，婴幼儿因胃肠道不适、感冒初起发烧、被虫子叮咬等身体不舒服，甚至情绪不佳时也会表现出不同状态的哭闹，而非饥饿原因引起的哭闹显然无法通过哺喂得到完全安抚。这就需要妈妈和爸爸们学习和了解一些婴幼儿哺养的相关知识，注意日常观察，学会比较分析，一经发现婴幼儿是非饥饿原因引起的哭闹而又找不出确切原因时，应及时送医。

3. 体验喂养模式的转换

婴幼儿快速生长发育需要充足的母乳来满足能量和营养需求，刚出生的婴幼儿就具备了良好的哺乳反射反应和饥饿感知，能够通过哺喂获得满足感。随着婴幼儿的成长和智力发育，婴幼儿的胃容量逐渐增大，每次摄入的乳量会逐步增多，胃排空时间相应延长，此时妈妈哺喂的次数会不断减少，前后两次哺喂间隔的时间会较之以前延长。正常情况下，婴幼儿会处于睡眠—饥饿—觉醒—哭闹—哺乳—睡眠的作息循环状态。哺喂间隔时间延长后，婴幼儿喂养的规律性和节奏感会逐步显现，对包括哺喂在内的生活习惯的影响也会更加明显，比如减少睡眠时的哺乳次数可促进婴儿养成良好的睡眠习惯。因此，按照上述变化注意培养婴幼儿规律、足量摄乳和睡眠的习惯显得尤为重要。

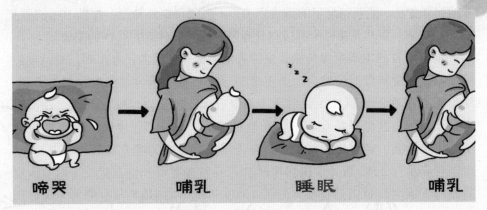

啼哭　　　　哺乳　　　　睡眠　　　　哺乳

推荐四　维生素 D 须补充，维生素 K 也别忘

【引言简介】

母乳中维生素 D 含量较低，母乳喂养的婴幼儿无法通过母乳获得足量的维生素 D。适量的阳光照射会促进皮肤中维生素 D 的合成，但鉴于传统养育观念的影响和阳光照射的条件（比如适宜的照射时间、皮肤暴露的要求），阳光照射难以成为大多数 6 月龄内婴幼儿获得维生素 D 的最方便途径。婴幼儿出生后数日就应开始每日补充维生素 D10 μg。纯母乳喂养能满足婴幼儿骨骼生长对钙的需求，所以不需要额外再补充钙。除此之外，推荐新生儿出生后补充维生素 K，特别是剖宫产的新生儿。

【关键推荐】

1. 婴儿出生后数日开始每日补充维生素 D 10 μg。
2. 纯母乳喂养的婴儿不需要补钙。
3. 新生儿出生后应及时补充维生素 K。

【重点解读】

1. 补充好维生素 D

在婴幼儿出生后 1 ~ 2 周内（并不特别强调准确在哪一天），采用维生素 D 油剂或乳化水剂，开始每日补充维生素 D10 μg，可在母乳喂养前将滴剂定量滴入婴幼儿口中，然后再进行哺喂。配方奶粉喂养的婴幼儿通过合乎国家标准的配方食品，能获得足量的维生素 D，不需要再额外补充。每日 10 μg 的维生素 D 可满足婴幼儿在完全不接触日光照射情况下对维生素 D 的需要。

维生素 D 的主要生理功能是维持人体血清钙和磷的正常水平，维持神经肌肉功能正常和骨骼的健全。维生素 D 还是钙代谢最重要的生物调节因子。维生素 D 可在阳光紫外线照射下由皮肤合成，也可以经膳食补充，而刚出生婴幼儿的皮肤已具备合成维生素 D 的能力。母乳不是婴幼儿维生素 D 的主要供给途径，其含量相对较低，全天泌乳总量中的维生素 D 不足 2.5 μg，中国营养学会 2013 版《中国居民膳食营养素参考摄入量》建议 1 周岁内婴幼儿每天维生素 D 的适宜摄入量为 10 μg，所以单纯依靠母乳喂养不可能满足婴幼儿对维生素 D 的需要。婴幼儿出生后生长发育极快，骨骼生长迅速，钙、磷代谢活跃，需要一定量的维生素 D 参与调节。而现在的实际情况是，大多数婴幼儿出生后得不到足够的日光照射机会，使体内维生素 D 合成不足以满足生长发育的需要，一般会很快出现缺乏的情况。研究表明，足月婴幼儿出生后若每天能够补充维生素 D10 μg，就不会出现临床维生素 D 的缺乏症状。因此，妈妈和爸爸一定要在宝宝出生后数日开始，每天保证做到补充维生素 D10 μg。

2. 通过阳光照射获得维生素 D 的得失

让婴幼儿通过阳光照射获得所需维生素 D 固然是最理想、最方便的途径，但需要具备一定的条件，包括阳光要充足，照射的时间段要合适，皮肤暴露范围要足够，暴露时间要充足。显然这些条件受季节、气候条件、环境污染、可操作性等因素的影响。比如照射的时间段与阳光暴露时间，一般认为上午 9 ～ 10 时、下午 4 ～ 5 时适合婴幼儿晒太阳，一次晒半小时左右；皮肤暴露部位以婴幼儿腰部、屁股与大腿范围比较理想，但实际操作时会受到婴幼儿顺应性的影响。而且，有人担心阳光中的高能蓝光会透过晶状体到达婴幼儿视网膜，对其视觉产生不利影响；至于婴幼儿家长（包括祖母、外婆辈的）更会觉得婴幼儿皮肤娇嫩，过早暴露在日光照射下也可能

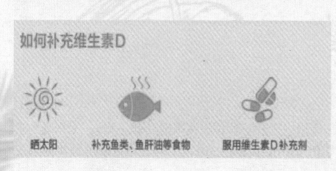

如何补充维生素D

晒太阳　　　补充鱼类、鱼肝油等食物　　　服用维生素D补充剂

会对其皮肤造成损伤。因此，相比较而言，通过维生素D补充剂来补充，操作性强，可靠性高，不失为婴幼儿获得所需维生素D的最佳途径。因而，每天应该给婴幼儿口服维生素D10 μg。

3. 婴幼儿须补充维生素K

母乳中维生素K含量低，不能满足刚出生的婴幼儿（特别是剖宫产的婴幼儿）的需求。足月顺产的婴幼儿在母乳喂养的支持下，可以很快建立正常的肠道菌群，并获得稳定、充足的维生素K来源。但在婴幼儿正常的肠道菌群建立前，其对维生素K的需要可能得不到满足，尤其是剖宫产的婴幼儿开奶延迟，或一定时间内得不到母乳喂养；或是早产儿、低出生体重儿不能及时建立正常肠道菌群；或是大量使用过抗生素的婴幼儿肠道菌群可能

所有的宝宝出生后都缺维生素K

你家宝宝补过了吗?

被破坏，后续由于生长发育快，对维生素K的需要量增加；等等。维生素K缺乏性出血性疾病最早可发生在出生后24 h内，典型的新生儿出血症发生在出生后2～5天内，严重的甚至可致死亡，必须引起新生儿父母的高度重视；迟发性新生儿出血症发生在全部以母乳喂养为主，并且出生时没有补充维生素K的婴幼儿，可表现为致命性的颅内出血。因此，出生后及时补充维生素K可有效预防新生儿出血症的发生。世界卫生组织建议所有新生儿出生后都应该补充维生素K，以预防维生素K缺乏性出血。国内医疗、妇幼保健机构产科一直常规给新生儿肌内注射维生素K1mg（早产儿酌减）。而目前除了肌内注射外，没有婴幼儿广泛适用的口服维生素K补充剂，所以新生儿父母要给予高度关注，如果出现漏了注射，或者母婴双方接受可能干扰维生素K代谢的相关治疗，需要及时咨询经治

医生。

　　尽管婴幼儿的出血性疾病发生率并不太高，但妈妈和爸爸们不能由此产生侥幸心理，因为此类疾病一旦发病相当凶险、死亡率极高。因此，母乳喂养的婴幼儿从出生到 3 月龄，可每日口服维生素 K_1 25 μg，也可采用出生后口服维生素 K_1 2 mg，然后到 1 周和 1 个月时再分别口服 5 mg，总共 3 次。也可由医护人员给刚出生的婴幼儿每天肌内注射维生素 K_1 1 ～ 5 mg，连续 3 天，可有效预防新生儿维生素 K 缺乏性出血症的发生。

　　合格的配方奶粉中添加了足量的维生素 K_1，使用婴儿配方奶粉喂养的混合喂养婴幼儿和人工喂养婴幼儿，一般不需要再额外补充维生素 K，只需要关注配方奶提供的维生素 K 含量即可。

推荐五　不能母乳喂养时，无奈选择配方奶

【引言简介】

　　任何婴儿配方奶都不能与母乳相媲美，只能作为母子出现不宜哺喂而不得不停止哺乳时的无奈选择。如有的婴幼儿患有某些代谢性疾病，或者乳母患有某些传染性或精神性疾病，乳汁分泌不足或无乳汁分泌等原因。不能用纯母乳喂养婴儿时，建议首选适合于 6 月龄内婴儿的配方奶喂养，不宜直接用普通液态奶、成人奶粉、蛋白粉、豆奶粉等喂养婴儿。

【关键推荐】

　　1. 任何婴儿配方奶都不能与母乳相媲美，只能作为母乳喂养失败后的无奈选择，或母乳不足时对母乳的部分补充。

　　2. 以下情况很可能不宜母乳喂养或常规方法的母乳喂养，需要采用适当的配方奶喂养，具体患病情况、母乳喂养禁忌和适用的喂养方案，请咨询营养师或医生：①婴儿患病；②母亲患病；

③母亲因各种原因摄入药物；④经过专业人员指导和各种努力后，乳汁分泌仍不足。

3. 不宜直接用普通液态奶、成人奶粉、蛋白粉、豆奶粉等喂养6月龄内婴儿。

【重点解读】

1. 了解婴儿配方奶

婴儿配方奶也常常称为婴儿配方食品，在所有可获得的代乳品中，婴儿配方奶是较为适合婴儿营养需要和消化、代谢特点的婴儿食物。它以婴幼儿营养需要和母乳成分研究资料为指导，以牛奶或羊奶、大豆蛋白为基础原料，经过一定配方设计和工艺加工而成，能基本满足6月龄内婴儿生长发育的营养需求。由于婴儿配方食品多为乳粉（需经冲调为乳液后再喂养婴幼儿），或可直接喂养婴幼儿的液态乳，所以又常称为婴儿配方乳或婴儿配方奶。由于经过了食物成分调整和营养素强化的配方设计，婴儿配方奶比普通牛羊乳或其他一般普通食品在喂养中具有更强的优势。随着营养学发展、婴儿配方食品标准的完善和食品加工营养化转型，婴儿配方食品的质量将得到不断提升。通过不断对婴儿配方食品的组成结构、营养成分及生理功能等方面进行研究和重点污染物监测，以人乳为蓝本对动物乳成分进行改造，调整其营养成分的组成、含量和结构，添加婴儿必需的多种微量营养素，使婴儿配方食品的性能、成分及营养素含量接近人乳蓝本的最大化。尽管婴儿配方食品在营养成分含量、结构和状态方面不能与母乳相媲美，但比普通液态奶、成人奶粉、蛋白粉、豆奶粉等更适合婴儿食用，是因各种原因而无法母乳喂养的婴幼儿的首选。但必须强调说明的是，无论经过怎样的配方设计和先进的科技研发，任何婴儿配方奶都无法与母乳相媲美，婴儿配方食品归根结底仍然是一种食品，对于得不到母乳喂养的婴幼儿来说，可以减少直接用牛羊乳喂养的缺陷。

2. 婴儿配方奶粉与母乳的区别

虽然婴儿配方奶粉是按保证部分营养素的数量和比例接近母乳的要求来进行配方设计和工艺加工的，但现代科技和工艺还无法模拟母乳中一整套完美融合的营养和生物活性成分体系，如低聚糖、乳铁蛋白和免疫因子、免疫细胞乃至许多至今未知的生物活性成分。母乳喂养的婴幼儿可以随母乳体验来自妈妈膳食中各种食物的味道，这种对婴幼儿饮食心理和接受天然食物的正向影响，也是配方奶粉无法比拟的。此外，母乳喂养过程和奶瓶喂养过程给予婴幼儿的心理和智力体验是完全不同的。虽然婴儿配方奶粉能基本满足0～6月龄婴幼儿生长发育的营养需求，但与母乳能完全满足0～6月龄婴幼儿生长发育的营养需求来说，根本不能相提并论。

3.不宜母乳喂养的情况

哺乳母亲如患有某些传染病尤其是病毒性传染病时，病毒会通过乳腺分泌进入乳汁而致婴幼儿摄入，造成病原的母婴传播；乳母或因患有某些严重疾病自身功能受累或者需服用药物或化学物质，都会损害婴幼儿健康。另外，婴幼儿患有某些代谢性疾病时，不能消化、代谢母乳中的营养成分，并因此会造成损害，在这些情况下只能放弃或暂停母乳喂养，选择代乳品进行人工喂养。

（1）妈妈的原因。

①患有传染性疾病。很多传染性疾病的病菌可通过乳汁传播引起婴儿感染。比如患有艾滋病的母亲乳汁中含有艾滋病病毒，会引起婴儿感染，因此应严禁母乳喂养。巨细胞病毒是一种疱疹病毒组 DNA 病毒，分布广泛，感染后可引起以生殖泌尿系统、中枢神经系统和肝脏为主的相关系统感染，从轻微无症状感染直到严重缺陷或死亡，可以通过乳汁感染婴幼儿，对人类的危害性很大，所以妈妈感染后不能再哺乳。日常有不少妈妈到妇幼保健机构咨询，携带乙型肝炎病毒或者患肺结核能否继续给宝宝进行母乳喂养。乙型肝炎的母婴传播的关键期是临产和分娩时，是经胎盘或血液（如输血）传播的，因此妈妈携带乙型肝炎病毒仍可母乳喂养（国家乙肝母婴阻断方案是给乙肝母亲所生新生儿于出生后 24 h 内注射 100 单位乙肝免疫球蛋白和首剂接种乙肝疫苗，越早越好，并于 1 月龄、6 月龄再加强接种 2 次）。除此之外，患肺结核的妈妈经治疗无临床症状时，可咨询当地妇幼保健机构可否继续母乳喂养。

②患有严重疾病。当母亲心功能不全、患有慢性肾炎时，如果采用母

乳喂养，就会增加心脏及肾脏的负担，甚至带来不良后果；糖尿病不稳定期间哺乳，可能引起严重的并发症；患有癫痫的母亲哺乳，一旦癫痫发作就会伤及婴幼儿，导致意外，而且病人长期服用抗癫痫药物，也会对婴幼儿产生一定影响；母亲若患癌症就需要接受化疗，还要长期服用抗癌药，这时母乳喂养会给婴幼儿带来严重影响；母亲若是精神病患者更不能采用母乳喂养方式。还有其他一些严重疾病不再一一列举，需要咨询当地妇幼保健机构后决定能否继续母乳喂养。

③其他疾病。比如母亲因感冒而出现高热时，应暂停哺乳几天，待感冒痊愈再恢复母乳喂养；母亲患急性乳腺炎时必须使用药物进行治疗，应暂停哺喂，待痊愈后再恢复母乳喂养。

④其他。比如妈妈因上班、出差等原因需要与婴幼儿长期分离时，那就得暂时停止哺乳。

（2）婴幼儿的原因。婴幼儿患某种疾病，当地妇幼保健机构建议不能继续母乳喂养的；婴幼儿患有严重唇腭裂吮吸困难的，不宜采用母乳喂养。

4. 母乳喂养与新生儿黄疸

新生儿黄疸有生理性和非生理性之分。新生儿刚出生时体内产生的胆红素大于排泄量，出现不同程度的暂时性血清胆红素增高引起皮肤等黄染（黄疸）。国内几乎所有足月新生儿在出生后 2 ～ 7 天出现黄疸，而适度的胆红素水平有一定的抗氧化作用，有益于新生儿机体。母乳喂养不足可导致新生儿出生后数天内能量和液体不足，排便延迟等，致使血清胆红素升高，大致 70% 母乳喂养的新生儿会出现这种称之为母乳性的黄疸，通常通过增加母乳喂养量和喂养次数而得到缓解。因此，新生儿黄疸不是母乳喂养的禁忌。

推荐六　定期测身长体重，营养状况掌握牢

【引言简介】

身长和体重是反映母乳喂养效果和婴幼儿营养状况的直观指标。若母乳喂养不当、婴幼儿营养不足或疾病等原因会使婴幼儿生长缓慢或停滞。6 月龄内婴儿应每半月测量一次身长和体重，病后恢复期则可增加测量次数，并选用国家卫生行业标准《5 岁以下儿童生长状况判定》（WS 423—2013）判断。宝宝生长有其自身规律，过快、过慢生长都不利于儿童远期

健康。婴幼儿生长存在个体差异，也会出现阶段性波动，所以妈妈们不必相互攀比生长指标。母乳喂养的婴幼儿体重增长可能低于配方奶喂养的婴幼儿，但只要身长和体重是在正常的生长范围，就说明婴幼儿处于健康的生长状态。

【关键推荐】

1. 身长和体重是反映婴儿喂养和营养状况的直观指标。

2. 6个月龄前婴儿每半月测量一次身长和体重，病后恢复期可增加测量次数。

3. 出生体重正常婴儿的最佳生长模式是基本维持其出生时在群体中的分布水平。

4. 婴儿生长有其自身规律，不宜追求参考值上限。

【重点解读】

1. 身长（高）和体重的测量方法

婴幼儿的生长发育状况可通过定期测量身长和体重进行纵向观察。测身长和体重在一定程度上可反映其智力和免疫功能的发展水平，评价纯母乳喂养的成功程度，因而是婴幼儿所有发展评价指标中最易于获得、最直观又最灵敏的指标，因此，父母要重视婴儿期的定期体格测量，保障婴幼儿的正常生长。

从20世纪90年代开始，我国已建立起完备的儿童系统管理体系和组织网络，在社区卫生服务中心等医疗机构都有婴幼儿定期健康体检项目服务，配置了专用的婴幼儿身长测量床和婴儿体重秤。为提高体检工作质量，2012年卫生部办公厅印发了《儿童健康检查服务技术规范》，保证体检结果真实可靠。

（1）身长（高）测量。2岁以下婴幼儿应躺在身长测量床上测量身长，身长包括头、脊柱和下肢长的总和。婴幼儿在测量身长前应先脱去鞋、袜、帽子、头饰、外衣裤，仰躺在量床上，两耳在同一水平线上，两侧耳郭上缘与眼眶下缘的连线与量板垂直，让助手或家长扶住婴幼儿头部，头顶顶住量床顶板，注意使婴幼儿保持全身伸直状态，测量者位于量床右侧，左手按直婴幼儿的双膝部，使两下肢伸直、并拢并紧贴量床的底板，右手推动量床测量滑板，使滑板紧贴婴幼儿的足底，并使量床两侧测量值一致，然后读取数值，精确到 0.1 cm。最好能连续测量两次，两次相差不能超过 0.4 cm。在家里测量时，可以让婴幼儿躺在桌上或木板床上，在桌面或床沿贴上一软尺。在婴幼儿的头顶和足底分别放上两块硬纸版，读取头板内侧至足板内侧的长度（注意头板内侧与软尺起始刻度要处在同一水平线上），即为婴幼儿的身长。

（2）体重测量。专用婴儿体重秤的测量精度较高，分辨率为 5 g，可以准确测量婴幼儿体重，及时发现体重变化。测体重时应空腹，需要排去大小便，尽量脱去衣裤、鞋帽、物饰、尿布等（冬季可用已知重量的毯子包裹婴幼儿），并应该连续测量两次，两次间的差异不应超过 10 g。测量时婴幼儿的四肢不能与其他物品相接触，应在婴幼儿安静时读取体重读数。在家中给宝宝称体重时，可由家长抱着婴幼儿站在家用体重电子秤上称，总重减去家长的体重，即为婴幼儿的体重。普

通家用体重电子秤测量误差在 100 g 左右，所以采用这种方法不能准确得知婴幼儿在短期内的体重增长，而只是适用于观察较长一个阶段的体重变化。

（3）头围测量。头围是反映婴幼儿脑发育的一个重要指标。测量时，将软尺的零点放在右侧眉弓（眉毛的最高点）上缘，将软尺沿眉毛水平绕过后脑结节（脑后最凸出点）中点并绕回前脑，与软尺零点交叉处的尺码数字即为头围值，读数应精确至 0.1cm。

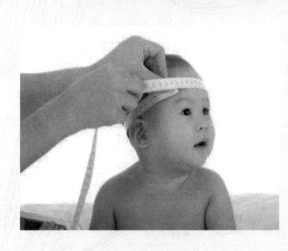

2. 评价婴幼儿生长发育状况的方法

依据国家卫生行业标准《5 岁以下儿童生长状况判定》（WS 423—2013）的判定指标和方法进行评

价。参考世界卫生组织 2006 年生长标准数据，利用 Z 评分指标进行评价。

Z 评分：实测值与参考人群中位数之间的差值和参考人群标准差相比，所得比值就是 Z 评分。常用的 Z 评分指标有：

（1）年龄别身高（身长）Z 评分。儿童身高／身长实测值与同年龄同性别参考儿童身高（身长）中位数之间的差值和参考人群标准差相比，所得比值就是年龄别身高（身长）Z 评分。

（2）年龄别体重 Z 评分。儿童体重实测值与同年龄同性别参考儿童体重中位数之间的差值和同年龄同性别参考儿童体重标准差相比，所得比值就是年龄别体重 Z 评分。

（3）身高（身长）别体重 Z 评分。儿童体重实测值与同性别同身高（身长）儿童体重中位数之间的差值和同性别同身高（身长）儿童体重标准差相比，所得比值就是身高（身长）别体重 Z 评分。

（4）年龄别体质指数（BMI）Z 评分：儿童 BMI 计算值与同年龄同性别儿童 BMI 中位数之间的差值和同年龄同性别儿童 BMI 标准差相比，所得比值就是年龄别 BMI Z 评分。

世界卫生组织 2006 年生长标准数值见附录，按照表 2 进行判定。

表2　5 岁以下儿童生长状况判定的 Z 评分界值

Z 评分	年龄别身高（身长）Z 评分	年龄别体重 Z 评分	身高（身长）别体重 Z 评分	年龄别 BMI Z 评分
>3	—	—	肥胖	肥胖
>2	—	—	超重	超重
<-2	生长迟缓	低体重	消瘦	消瘦
<-3	重度生长迟缓	重度低体重	重度消瘦	重度消瘦

资料来源：引自《5 岁以下儿童生长状况判定》（WS 423—2013）。

《世界卫生组织儿童生长曲线》是世界卫生组织于 2006 年发布的生长参考数据。该曲线是依据 1997—2003 年世界卫生组织儿童生长参考值的中心研究数据制定的，包括体重、身高（身长）、BMI、头围、上臂围等体格测量参数的获得性生长指标和生长速度指标，以年龄别和身高（身长）别形式，用统计学分布（均数、中位数、标准差、Z 评分、百分位数）的各种数值和拟合的生长曲线图展示。该项研究数据显示，在世界上任何地方出生并给予最佳生命开端的儿童，都有潜力发展到相同的身高和体重范围；儿童生长至 5 岁前的差别，更多地受 6 月龄内是否纯母乳喂养并且奶水充足、有否受到疾病困扰以及当地卫生保健水平的影响，而不是种族因素。基于此，世界卫生组织认为其儿童生长标准适用于各个国家。因此，本指南也建议采用《世界卫生组织儿童生长曲线》判断儿童营养和生长发育状况。但同时，也可以采用国家卫生行业标准《5 岁以下儿童生长状况判定》（WS 423—2013）进行评价。

3. 正确看待生长曲线

医学研究表明，人的早期营养和生长对成年期慢性疾病风险具有重要影响。母亲营养缺乏导致的婴幼儿低出生体重和出生后生长迟缓，以及过度喂养导致的超重、肥胖，都会产生明显的远期健康危害。正因为如此，在婴幼儿养育过程中，如果父母一味追求自己的宝宝都要比人家的宝宝长得高，长得重，可能在体格和智力发育等方面带来一定的近期效果，但也增加了远期健康的风险。我们用于评价生长发育水平的生长曲线和参考值是基于大部分儿童的生长发育数据推算的范围，是群体研究的结果。因为，从婴幼儿喂养实践来看，每个婴幼儿出生体重不同，由于遗传和环境因素的影响，出生后增长速度和生长轨迹都不可能完全一样。父母亲只要坚持母乳喂养，顺应喂养，其婴幼儿的生长曲线可能会处于平均水平以上或上游水平，显然不是每个婴幼儿的生长曲线都会处于这样的水平。因此，评价某个儿童的生长发育水平时，应将其现在的情况与先前的情况进行比较，尤其是以其出生时的状况为基准，观察其发育动态才更有意义，没有必要与邻家孩子的生长去比较，应该让婴幼儿顺其自身正常的生长轨迹成长。因此，父母亲在喂养过程中要使婴幼儿获得不快也不慢的健康生长，取得近期健康效益和远期健康效应之间的平衡，从这个角度来说，母乳喂养是成本最低、效应最高的选择。

什么是生长曲线图？

带宝宝体检时，医生或护士都会测量宝宝的身长（或叫身高）、体重和头围，然后再把这些数字绘制在一张同龄同性别孩子平均发育水平的表上，这就是生长曲线图。

哨，生长曲线图又是什么东东？

早产和宫内生长迟缓导致的低出生体重、消瘦和生长迟缓，都会给机体分解代谢和合成代谢、神经系统和智力发育以及免疫功能等带来很大影响。为增加早产儿和低出生体重儿的生存机会、减轻生理正常功能损伤，可以在当地妇幼保健机构保健医生或营养师指导下，通过强化营养实现追赶生长，使婴儿从较低的身高、体重水平，在相对较短的时间内，追赶到相对较高的水平。但需要明确提示的是，这种追赶生长存在成年期慢性病发生的风险。因此，追赶生长需要适度，实现利弊平衡。

【知识链接】

1. 婴儿生理特点

自出生到 1 周岁之前为婴儿期。婴儿期是人的一生中生长发育最旺盛的一个阶段，对营养的需求量相对较高。而此时，身体各系统和相关的器官也在持续进行生长发育，但远不够成熟完善，尤其是消化系统常常难以适应食物的消化吸收，容易发生消化功能紊乱。同时，婴儿体内来自母体的抗体会逐渐减少，自身的免疫功能又不完善，抗感染能力较弱，易发生各种感染和传染性疾病。

婴儿期包括胎儿娩出至 28 天的新生儿期，以及 1 ～ 12 个月的婴儿期。是婴儿完成从子宫内生活到子宫外生活的过渡期，也是从母乳喂养到食物转换膳食营养的过渡期。

（1）婴儿体格发育特点。与胎儿期的头部生长最快不同，婴儿期躯干增长最快。

①体重与身长（身高）。婴儿期是一生中生长发育最快的时期，0～3月龄，每月体重平均增加 1 kg 左右，身长每月增高 3 cm 左右；3～4月龄，每月体重平均增加 0.6 kg 左右，身长每月增高 2 cm 左右；以后增长速度随月龄增加逐渐减慢，至 1 岁时，体重可达到 9.5～10.5 kg，身长 75 cm 左右，分别是出生时体重、身长的 3 倍、1.5 倍。

②头围。头围是指自眉弓上方最突出处，经枕骨结节绕头的周长，它可以反映出颅骨与大脑的发育状态。出生时头围平均 34～35 cm（男略大于女）。0～3月龄，头围每月增加 2 cm 左右；3～6月龄，每月增加 1 cm 左右；6～9月龄，每月增加 0.6 cm 左右；9～12月龄，每月增加 0.4 cm 左右；至 1 岁时，头围可增至 46 cm 左右。

（2）婴儿消化系统发育特点。新生儿的消化器官发育未成熟，功能不健全，口腔狭小，无牙，嘴唇黏膜的皱褶很多，颊部有丰富的脂肪，有利于婴儿吸吮。新生儿的唾液腺未成熟，唾液分泌较少，唾液淀粉酶含量低，不利于碳水化合物的消化。至 3～4月龄时唾液腺逐渐发育完善，唾液淀粉酶也开始增加，6 个月起唾液的生理作用增强。

①胃。新生儿的胃容量较小，为 25～50 mL，出生后第 10 天时可增加到约 100 mL，6 个月时增加到约 200 mL，而到 1 岁时可达 300～500 mL。胃呈水平型，贲门括约肌较松弛，而幽门括约肌较紧张，所以新生儿在喂饱奶后会因哭闹或吃奶时吸入空气较多等因嗳气而导致胃中奶的溢出，一般 7 个月至 1 岁才会停止。胃蛋白酶的活力弱，凝乳酶和脂肪酶含量少，因此消化能力较弱，胃排空延迟，胃排空母乳的时间为 2～3 小时，其决定了母乳喂养的频次。

②酶。新生儿的小肠约为自身长度的 7 倍，肠壁肌层薄，弹力小，但肠

黏膜的血管及淋巴丰富，通透性强。新生儿消化道已能分泌消化酶，但含量低，酶的活力相对较差，特别是胰淀粉酶要到4月龄时才能达到成人水平。胰腺脂肪酶的活力亦较低，肝脏分泌的胆盐较少，因此新生儿对脂肪的消化与吸收能力较差。

（3）神经系统发育特点。胎儿期的神经系统发育较其他各系统快，新生儿大脑的重量已达成人脑重的1/4左右，而此时神经细胞的数目却已接近于成人，但其树突与轴突少而短。随着神经细胞体积的增大和树突的增多、加长，以及神经髓鞘的形成和发育，大脑的重量随之增加。神经髓鞘的形成和发育大约要到4岁时才能完成，所以，婴儿期对各种刺激引起的神经冲动传导速度缓慢，易于泛化，不易形成兴奋灶，容易疲劳而进入睡眠状态。

脊髓的发育也随年龄而增长。4岁时脊髓下端由第2腰椎下缘上移至第1腰椎，可供进行腰椎穿刺时的解剖部位定位。婴儿肌腱反射较弱，腹壁反射和提睾反射也不易引出，直至1岁时才稳定。婴儿3～4月龄时的肌张力较高，抬腿试验可为阳性，2岁以下儿童巴宾斯基征阳性亦可为生理现象。

2. 婴儿营养

婴儿期良好的营养，既是一生体格和智力发育的基础，也是降低成年慢性疾病如动脉粥样硬化、冠心病、糖尿病等风险的保证。由于婴儿期的生长极为快速，对营养素的需要很高，因此，确保6月龄内纯母乳喂养成功，7月龄开始做好食物转换，顺应喂养，使婴儿能得到全面、充足的营养，确保婴儿的生长发育就显得极为重要。

（1）能量。婴儿的能量需要包括基础代谢（是指维持人体基本生命活动如体温、心跳、呼吸以及各器官组织和细胞功能所必需的最低能量消耗，是人体主要的能量消耗，占总能量消耗的60%左右）、体力活动、食物热效应（即食物的特殊动力作用，为人体摄食过程中引起的额外能量消耗，是人体在摄食后对营养素的一系列消化、吸收、合成、代谢转化过程中所消耗的能量）、能量储存及排泄耗

能，以及生长发育的需要，其总能量的需要主要依据月龄、体重及生长发育速度等综合予以估计。中国营养学会 2013 版《中国居民膳食营养素参考摄入量》建议 0～6 月龄的婴儿能量需要量为每天 377 kJ/kg（90 kcal/kg）；7～12 月龄的婴儿能量需要量为每天 335 kJ/kg（80 kcal/kg）。

（2）蛋白质。婴儿生长发育迅速，蛋白质的需要量按每单位体重计算大于成人，并且需要足量优质蛋白质，提供婴儿所需必需氨基酸的比例也较成人大。婴儿纯母乳喂养时，每千克体重摄入蛋白质 1.6～2.2 g，且母乳中必需氨基酸的比例最适合婴儿生长的需要。7 月龄后需要转换食物，由于其他食物的蛋白质生物价值低于母乳蛋白质，所以计算蛋白质需要量时要相应增加。《中国居民膳食营养素参考摄入量》建议 0～6 个月婴儿每天蛋白质适宜摄入量为 9 g；7～12 个月婴儿每天蛋白质参考摄入量为 20 g。

（3）脂肪。脂肪是机体重要的能量来源，对婴儿来说，脂肪摄入过多或过少对生长发育都是不利的。摄入过少会导致必需脂肪酸不足，并会相应增加蛋白质和碳水化合物的摄入；摄入过多除影响蛋白质和碳水化合物的合理摄入外，也会影响到钙的吸收。《中国居民膳食营养素参考摄入量》建议 0～6 个月的婴儿脂肪适宜摄入量占总能量的比例为 48%；7～12 个月的婴幼儿为 40%。

（4）碳水化合物。碳水化合物主要供给婴儿能量，帮助机体蛋白质的合成和脂肪的氧化，起着节约蛋白质的作用。但 4 个月以下的婴儿由于唾液分泌少，唾液中淀粉酶含量低，还不具备消化淀粉的能力。所以婴儿食物中如果含碳水化合物过多，则会在肠内经细菌发酵，产酸、产气并刺激肠蠕动可引起腹胀腹泻。《中国居民膳食营养素参考摄入量》尚未制定 0～12 个月婴儿碳水化合物适宜摄入量占总能量的比例，1 岁以上至 80 岁成人（包括孕妇）的各年龄段均为 50%～65%。

（5）矿物质。婴幼儿期必需而又容易缺乏的矿物质主要有钙、铁、锌，此外，山区等部分区域还存在缺碘的情况。

①钙。母乳中含钙量约为 350 mg/L，以一天泌乳汁 750～800 mL 计算，约能提供 260～300 mg 的钙。由于母乳的钙吸收率高，婴儿的钙吸收率大于 50%，所以 6 月龄内纯母乳喂养的婴幼

儿不会出现缺钙的情况，不需要补钙。若为人工喂养，尽管牛乳中钙量是母乳的2～3倍，但钙、磷比例为1:1(理论上膳食中的钙磷比例应维持在1:(1～1.5)，而成熟母乳钙、磷比例为1:1.5，比牛乳更好)，使婴儿对钙的吸收率处于较低水平，因此，需补充钙。《中国居民膳食营养素参考摄入量》建议钙的适宜摄入量为：0～6月龄200 mg/d，7～12月龄250 mg/d，1～3岁600 mg/d。

②铁。机体铁供应不足可引起缺铁性贫血，医学资料表明，缺铁性贫血在婴幼儿、学龄前儿童中发病率较高，更以6月龄至1岁为高峰。足月新生儿体内储备有300 mg左右的铁，通常可防止出生后4个月内的铁缺乏。虽然母乳中的铁吸收率可以达到50%，但由于母乳铁含量低，6月龄内婴儿主要依靠胎儿期肝脏储存铁来维持体内铁需要，而满6月龄后则亟需从辅食中获得铁。由于婴儿生长越快，血容量扩张也越快，对铁的需要量也就越高。据估算，7～12月龄婴儿铁的需求量高达8～10 mg/d，所以极易因铁摄入不足而发生缺铁性贫血。一般动物性食物铁吸收率均较高，动物肝脏与血、畜禽肉、鱼类等都是富含铁的食物。《中国居民膳食营养素参考摄入量》建议0～6月龄婴儿每天铁适宜摄入量为0.3 mg，7～12月龄每天铁推荐摄入量为10 mg。

③锌。锌的生理作用主要是促进机体免疫功能、生长发育，参与激素调节和味觉形成，体内缺锌表现为食欲差、生长缓慢，以及异乎寻常的异食癖（如喜食灶泥）。足月新生儿体内也储备有锌。母乳中锌的含量相对不足，成熟乳中锌含量约为1.18 mg/L。所以，母乳喂养的婴儿在前几个月内可以利用体内储存的锌而不致缺乏，但在4～5个月后也需要通过母亲从膳食中多摄入富含锌的食物来加以补充。贝壳类海产品、畜肉类食物及内脏、蛋类、豆类及婴儿配方食品等均是富含锌的良好食物来源。《中国居民膳食营养素参考摄入量》建议0～6月龄婴儿每天锌适宜摄入量为2.0 mg，7～12月龄每天锌推荐摄入量为3.5 mg。

④碘。碘能促进机体能量代谢，维持基本生命活动，促进儿童大脑发育和生长发育。婴儿期碘缺乏可引起智力低下、生长发育迟缓，严重者发生呆小症（克汀病）。台州市虽是沿海地区，但也属使用碘盐区域。富含碘的食物主要有海带、裙带菜、紫菜、淡菜（贻贝）等，海鱼海虾的碘含量也较高。《中国居民膳食营养素参考摄入量》建议婴儿期碘的适宜摄入量为：0～6月龄85 μg/d，7～12月龄115 μg/d。

其他机体生长发育所必需的矿物质，只要是母乳喂养的健康婴儿，一般均不会缺乏。

（6）维生素。母乳中的B族维生素和维生素C含量受乳母的膳食营养的影响。膳食均衡、营养充足的乳母，其乳汁中的维生素一般能满足婴儿的需要。使用非婴儿配方奶喂养婴儿时，则应注意补充各种维生素。

①维生素A。母乳及配方奶粉中含有较丰富的维生素A，比牛乳中的维生素A含量多1倍，用母乳或配方奶粉喂养的婴儿一般不需要再额外补充维生素A，而用牛乳喂养的婴儿每天需要额外补充维生素A150～200 μg RAE。需要注意的是，使用浓缩鱼肝油制剂补充维生素A时应适量，若过量补充会导致维生素A、维生素D中毒，出现呕吐、头痛、昏睡、骨痛、皮疹等症状。《中国居民膳食营养素参考摄入量》建议婴儿维生素A的适宜摄入量为：0～6月龄300 μgRAE/d，7～12月龄350 μgRAE/d。

②维生素D。母乳与牛乳中的维生素D含量均较低，从出生2周到1岁半之间都应添加维生素D，但使用符合国家标准的配方食品能够获得足量的维生素D，则不需要再额外补充。鼓励稍大一点的婴儿适当参加户外活动，通过阳光照射获得一定量的维生素D。《中国居民膳食营养素参考摄入量》建议0～12月龄婴儿维生素D的适宜摄入量为10 μg/d。

③维生素E。一般婴儿不会出现维生素E缺乏的情况，但低体重的早产儿容易缺乏维生素E，出现溶血性贫血、全身水肿及神经系统的一些症状。《中国居民膳食营养素参考摄入量》建议婴儿的维生素E适宜摄入量为：0～6月龄3 mgα-TE/d，7～12月龄4 mgα-TE/d。

④维生素K。母乳中维生素K含量较低，不能满足婴儿的需要。而新生儿肠道内正常菌群又尚未建立，由肠道细菌合成的维生素K较少，特别是剖宫产的新生儿容易发生维生素K缺乏性出血性疾病。母乳中约含维生素$K_1$5 μg/L，牛乳及婴儿配方奶约为母乳的4倍，所以母乳喂养的新生儿较牛乳或配方食品喂养的新生儿更容易出现维生素K缺乏性出血性疾病。因此，凡是新生儿出生后常规每天给予口服维生素$K_1$25 μg，直至3月龄；也可以采用出生后口服维生素$K_1$2 mg，再到1周龄和1月龄时分别口服维生素$K_1$5 mg，共3次。

⑤维生素C。母乳喂养的婴幼儿可从乳汁中获得足量的维生素C，而

牛乳中维生素 C 的含量仅为母乳的 1/4 左右，鲜牛乳在煮沸过程中又会损失一部分，因此，纯牛乳喂养的婴幼儿应及时补充富含维生素 C 的如刺梨、冬枣、猕猴桃、山楂、草莓等果汁，或深绿色叶菜汁等。《中国居民膳食营养素参考摄入量》建议 0 ～ 12 月龄婴儿每天维生素 C 的适宜摄入量为 40 mg。

3. 婴儿配方奶粉

婴儿配方奶粉又称母乳化奶粉，是以母乳成分为标准，追求对母乳的无限接近，产品质量不断提高，但仍没有任何产品胜过母乳。

（1）概况。绝大多数婴儿配方奶粉是在牛奶的基础上，通过降低蛋白质的总量，以减轻婴儿的肾脏负荷；调整蛋白质的构成以满足婴儿的需要，如将乳清蛋白的比例增加至 60%，同时减少酪蛋白至 40%，以利于婴儿的消化吸收；模拟母乳增加婴儿需要的胆碱、肌醇、牛磺酸和左旋肉碱；在脂肪方面，脱去部分或全部富含饱和脂肪的奶油，代之以富含多不饱和脂肪的植物油，并调配其脂肪酸的构成和比例，使之接近母乳，以满足婴儿对脂肪酸的需要，并添加有助于婴儿生长发育和大脑发育的长链多不饱和脂肪酸，如二十二碳六烯酸、二十二碳四烯酸，使脂肪成分更接近于母乳；降低矿物质总量，特别是牛乳中高含量的钙、钠、钾、氯和磷会引起相当高的肾溶质负荷，不能适应婴儿未成熟的肾脏的生理功能。

在经历了三聚氰胺奶粉事件后，国家对事关儿童身体健康的婴儿配方奶粉生产和供应采取了严厉的监管措施，2010 年卫生部发布了《食品安全国家标准婴儿配方食品》（GB 10765—2010），对婴儿配方食品中应含有的蛋白质、脂肪、碳水化合物、矿物质（钙等 6 种常量元素、铁等 6 种微量元素）、维生素（所有脂溶性和水溶性维生素）等营养素以及可选择性成分的含量作了明确规定，并规定了污染物限量、真菌毒素限量和微生物限量，以及使用食品添加剂和食品营养强化剂的规定。

（2）配方分类。目前市售婴儿配方奶粉主要为以牛乳为基础的配方奶粉和以大豆为基础的配方奶粉以及其他特殊配方（如低敏配方、无乳糖配方）奶粉。

①以牛乳为基础的配方奶粉。多数婴儿配方奶粉是以牛乳为基础，调整牛乳中营养素的含量或比例，增加一些营养素和有利婴儿生长发育的物质。虽然目前的婴儿配方奶粉已提高了乳清蛋白的比例，但仍与母乳的乳清蛋白有差别，氨基酸和蛋白质成分不能够做到完全相同。牛乳为基础的配方奶粉中蛋白质供能为9%，脂肪供能48%～50%，碳水化合物供能40%～45%，脂肪较低，碳水化合物、蛋白质、矿物质则高于母乳。

②以大豆为基础的配方奶粉。以大豆为基础的配方奶粉主要是为牛奶不耐受或对牛奶过敏以及半乳糖血症、遗传性乳糖缺乏症的婴儿提供的，不适用于6月龄内的健康婴儿。资料显示，大豆为基础的婴儿配方奶粉的蛋白质供给能量为10%～11%，脂肪供给45%～49%，碳水化合物为41%～43%。《食品安全国家标准　婴儿配方食品》（GB 10765—2010）规定，含有大豆成分的婴儿配方食品还需进行脲酶活性的测定。

③低敏配方奶粉。由于有些婴幼儿对食物蛋白质过敏，或者对多种食物蛋白不耐受，因而对一般婴幼儿奶粉中的牛奶蛋白是高致敏性的。采用低敏配方的奶粉主要是采用水解牛奶蛋白工艺，使高致敏性的牛奶蛋白水解成婴幼儿易于吸收不致过敏的多肽和氨基酸，降低其食用时致敏的可能性。

④无乳糖配方奶粉。即去掉了乳糖的奶粉，适合婴儿腹泻期间或乳糖不耐受婴儿的喂养。

（3）如何选购奶粉。

①看包装。包装完整，标识齐全，有商标、生产厂名及厂址、生产日期、批号、保存期限等。不同材质的包装其保存期限不同，如马口铁罐密封充氮包装的保存期限为2年，非充氮包装的为1年；瓶装的为9个月，袋装的为6个月。

②凭感官。奶粉应为白色略带淡黄色，无视力可见的外来异物；奶粉应带有清淡的乳香气，不应有腥味、霉味、陈腐味、酸味和脂肪酸腐败与氧化的哈喇味；品质好的奶粉用手捏时应松散柔软，不应有结块，若结块一捏就碎说明是受潮了，若结块较大且较硬捏不碎，说明已变质；塑料袋装的奶粉用手捏时，感觉柔软松散，有轻微的沙沙声；玻璃瓶装的奶粉，将其慢慢倒置，轻微摇晃时瓶底应没有黏着的奶粉。

③试冲调。奶粉可以试着用开水冲调后来观察，放置5 min，若无沉淀说明质量正常。如有沉淀物，并且表面有悬浮物，说明可能已变质。

（4）奶粉的储存。奶粉是高营养物质，储存不当极易被细菌污染而腐败变质，日常应注意以下几个方面。

①尽量现配现用。如果一次配多瓶奶粉，务必要将冲调好的奶粉加上盖子立刻放入冰箱内储存，并应于24 h内用完。

②奶粉罐开罐使用后务必拧紧盖子，储存在阴凉、干燥的地方。储存时把罐倒扣，能有效防止空气透入，延长保存时间。

袋装奶粉每次使用后要扎紧袋口，外面再套一层食品袋同样扎紧袋口，常温保存。为便于保存和取用，袋装奶粉开封后，最好存放于洁净的奶粉罐或棕色玻璃瓶内（透明瓶子因光线照射会破坏奶粉中的营养成分）。开罐开袋后的奶粉应在1个月内食用完，以防变质有损婴幼儿健康。

③不要在冰箱保存奶粉。因为冰箱内实际是个密闭潮湿的小环境，而奶粉极容易吸潮。奶粉在冰箱中长期保存时，极容易受潮、结块、变质，从而影响饮用效果。只有预混合的液体奶粉才可以储存在冰箱里。

4. 了解婴幼儿保健很重要

父母应该了解婴幼儿保健的相关知识，在积极配合妇幼保健机构开展婴幼儿保健工作的同时，努力做好婴幼儿家庭保健，维护和保障婴幼儿的身心健康。

（1）新生儿期。新生儿期是指自胎儿娩出后开始至28天之间的时间。医学资料显示，出生后 1 周内的新生儿发病率和死亡率极高，婴儿死亡中约有 2/3 是新生儿，而小于 1 周的新生儿的死亡数占新生儿期死亡数的 70% 左右。由此可见，做好新生儿保健是儿童保健的重点，而出生后 1 周内新生儿的保健更是重中之重。为此，世界卫生组织建议把过去的儿童保健改为新生儿期及儿童期保健，突出新生儿保健的重要性。

①注重护理。新生儿娩出后应迅速清理口腔内黏液，保证呼吸道通畅，这是产科护理的常规；进行严格消毒做好脐带结扎；记录出生时婴儿评分（包括皮肤颜色、心搏速率、呼吸、肌张力及运动、反射 5 项体征）、体温、体重与身长。应接种国家免疫规划疫苗卡介苗和乙型肝炎疫苗。新生儿应着纯棉的宽松衣物，每天洗澡保持清洁，注意脐部护理，预防感染，要注意臀部护理，清洁后及时擦干，避免出现糜烂、感染等情况。新生儿应持仰卧位睡姿防止窒息。父母应多与婴儿交流，抚摸有利于早期的情感交流。世界卫生组织尤其对早产儿推荐"袋鼠式护理"，就是采用出生后早产儿与母亲之间皮肤与皮肤直接接触的照护方式，这种简便的方式却是促进婴幼儿发育的有效做法，而且这种照护方式也适用于足月儿。除此之外，应尽量避免新生儿与过多的外来人员接触，防止呼吸道传染病的传播。

②做好保暖。在冬春季节，出生后外界环境温度要明显低于母亲子宫内温度，因此，需要做好新生儿保暖，室内温度要保持在 22 ~ 24℃，湿度以 55% ~ 65% 为宜，保持新生儿体温正常恒定。父母日常应该注意根据温度变化，为其增减衣被。

③母乳喂养。新生儿出生后，应该在半小时内吸吮母乳，促使乳汁分泌，提高母乳成功喂养率。新生儿出生后 2 周应开始补充维生素 D，每天 10 μg（400 国际单位），同时还需要注意出生到 3 月龄应每天补充维生素 K_1 25 μg，预防因维生素 K 缺乏而引发出血性疾病。乳母哺乳期应在医生指导下使用药物。

④疾病筛查。新生儿出生后应进行包括苯酮尿症、先天性甲状腺功能低下等在内的遗传代谢疾病以及先天性心脏病的早期筛查。随着医学技术的发展和儿童保健工作要求的提高，今后必将扩展疾病筛查的范围和病种。

⑤加强访视。新生儿访视是当地妇幼保健机构开展儿童系统管理的常规工作，新生儿访视规定至少要进行 2 次，即出院后 7 天内、28 ~ 30 天（这次要去当地社区卫生服务中心，称为满月检查），如果是高危儿或者检查发现有异常的新生儿需要增加访视次数。目的主要是及时发现各种疾病隐患，同时为父母提供新生儿喂哺、护理和家庭开展婴幼儿体格发育监测的指导。

（2）婴儿期。婴儿期的体格生长十分迅速，必须成功开展纯母乳喂养以满足婴幼儿对各种营养素的需要，由于此时婴幼儿的消化功能尚未成熟，容易发生消化紊乱和营养缺乏性疾病，需引起父母的充分重视。

①母乳喂养。纯母乳喂养应持续至6个月，6个月以后开始添加辅食，继续顺应喂养，推荐以富含铁的米粉作为首次添加的食品，辅食的添加应遵

循由少到多、由稀到稠、由一种到多样的循序渐进的原则。足月正常出生体重婴儿，在保证维生素D充足的前提下，母乳及配方奶粉中的钙足以满足其需要，所以不必额外补充。

②定期体检。按照2012年卫生部办公厅印发的《儿童健康检查服务技术规范》的要求，婴幼儿婴儿期应当接受当地社区卫生服务中心或妇幼保健机构关于健康检查的具体安排（包括健康检查的频次和具体时间），并根据检查结果和评价意见，在医师指导下及时矫正偏离。出生后6月龄或8月龄、18月龄、30月龄婴幼儿应分别进行一次血红蛋白检查。通过阳光照射可让婴幼儿获得维生素D，但考虑到6个月以下婴幼儿皮肤娇嫩，日光照射可能会对其皮肤造成损伤，而且日光照射的时机与时间、皮肤暴露面积、婴幼儿的顺应性等不易掌握，所以一般不建议在阳光下直晒。

③基础免疫。及时、足次完成国家免疫规划疫苗的接种，增强抵抗传染病的免疫力，预防疾病。坚持6月龄内纯母乳喂养以及后续母乳喂养也是增强婴幼儿抵抗力的重要因素。

④培养良好生活习惯，开展身体活动训练。及早培养婴幼儿进餐、睡眠等良好生活习惯。父母多与婴幼儿进行面对面的交流以及皮肤之间的接触，促进婴幼儿早期感知觉和情感发育。利用色彩鲜艳、动感性强的玩具来促进婴幼儿的视听觉发育和运动能力的锻炼。不要长期怀抱或坐童车，要尽可能多地让孩子针对性地开展一些身体活动，比如抬头、俯卧支撑、爬行、独坐、独站等运动技能训练，促进运动技能发育。

（3）幼儿期。伴随着感知能力和自我意识地发展，婴幼儿幼儿期充满对周围环境的好奇、特别喜欢模仿各种动作，包括各种面部的夸张情绪。所

以，幼儿期是婴幼儿社会心理发育最为快速的一个时期。

①合理安排膳食，培养规律生活习惯。幼儿期除了需要提供丰富、充足、平衡的膳食，满足婴幼儿体格发育需要外，还应注意培养婴幼儿良好的进食行为和卫生习惯。鼓励婴幼儿自己用餐具进餐、按时进餐、不偏食挑食、进餐时间不超过 30 min 等良好的饮食行为，以及不吃零食、少吃零食的膳食习惯。同时，应逐步地、有意识地培养婴幼儿的独立生活能力，着力培养爱活动、讲卫生等良好生活习惯，如睡眠、排便、沐浴、游戏、户外活动等。

②注重语言训练，发展运动能力。幼儿期是婴幼儿语言发展的关键时期，父母应该重视与孩子的交流，利用游戏、故事情景、看图识物等各种方式，帮助婴幼儿的语言训练和发展。要适当地增加户外运动的时间，让婴幼儿有充分的机会玩耍和活动，发展心智和运动能力。幼儿期也是婴幼儿心理行为发育的关键期，父母除了正确引导以外，还需要注意自己的言行，给孩子树立一个良好的榜样。

③定期健康检查，预防疾病发生。家长应在当地社区卫生服务中心或妇幼保健机构的保健医师指导下坚持使用生长发育监测图，及时监测婴幼儿肥胖以及营养不良等营养性疾病的发生。通过健康检查筛查缺铁性贫血，开展眼保健和口腔保健。完成国家免疫规划疫苗的加强接种，家长还需注意预防孩子异物吸入、烫伤、跌伤等意外伤害的发生。

5.追赶生长

追赶生长又叫补偿性生长，是指儿童因早产或低出生体重、婴幼儿常见疾病（比如上呼吸道感染、肺炎、腹泻）、感染性与传染性疾病（病毒、细菌、寄生虫感染疾病和结核病等）和儿童营养性疾病（蛋白质—能量营养不良、营养性缺铁性贫血、维生素 D 缺乏性佝偻病）等病理因素影响身体生长发育，导致生长迟缓。但通过一系列有效的治疗与卫生保健措施，在消除了病因后，机体会自主克服种种阻碍生长发育的相关因素，出现以超过同年龄一般水平的生长发育速度恢复生长的生理现象，医学界将此现象称为追赶生长。

追赶生长这一概念是基于每个儿童都会有自己固有的生长轨迹提出的，即正常生理情况下，人体生长是一个规律的过程，虽然不同季节、不同年龄段或疾病等因素会影响生长速度，但身高、体重等仍会大致沿一条确定的轨道规律生长。长期的医学观察也证实了这一点。

父母理解追赶生长是非常关键的，不能认为儿童的一些疾病治愈就可以了，而是需要父母高度关注后续的心理情绪的引导和调节，全面充足的合理营养与平衡膳食。专家建议，应在一年内完成这一过程，一旦失去追赶生长的时机或者追赶生长不完全，就会给家长和孩子带来极大的隐患。

6. 儿童需少坐多玩

世界卫生组织发布的关于 5 岁以下儿童的身体活动和睡眠的新指南指出，5 岁以下儿童要想健康成长，必须减少坐下来看屏幕，或被限制在婴儿车和座椅上的时间，应当获得更高质量的睡眠，并有更多的时间积极玩耍。建议不足 1 岁的婴儿应每天多次以多种方式进行身体活动，如互动式地板游戏。对于尚不能自主行动的婴儿，要让其每天在清醒时至少进行 30 min 的俯卧位伸展或其受限时间（例如待在童车、高脚椅或缚在看护者的背上）每次不超过 1 h。不建议有看屏幕的时间。婴儿坐着时，应鼓励其与看护人一起阅读和讲故事。0～3 个月大的婴儿保持每天有 14～17 h 优质睡眠，包括打盹；4～11 个月大的婴儿保持每天有 12～16 h 的优质睡眠，包括打盹。

1～2 岁的儿童每天应至少有 60～120 min 的户外活动时间，受限时间（待在婴儿车、高脚椅或缚在看护者的背上）每次不超过 1h，也不可长时间坐着。对于 1 岁儿童，不建议久坐不动地看屏幕（如看电视或视频，玩电脑游戏）。2 岁以上儿童久坐不动地看屏幕时间不应超过 1h，少则更好。坐着时，鼓励其与看护者一起阅读和讲故事。每天保持 11～14h 的优质睡眠，包括打盹。

3～4 岁的儿童每天应有至少 120 min 的户外活动时间，其中至少包括 60 min 的中等到剧烈强度身体活动，多则更好。受限时间每次不超过 1 h，也不可长时间坐着。久坐不动地看屏幕时间不应超过 1 h，少则更好。坐着时，鼓励其与看护者一起阅读和讲故事。保持 10～13 h 的优质睡眠，可包括打盹。

7. 国家免疫规划疫苗儿童免疫程序

根据 2016 年 4 月 23 日国务院修改发布的《疫苗流通和预防接种管理条例》，疫苗（为了预防、控制传染病的发生、流行，用于人体预防接种的疫苗类预防性生物制品）分为两类。第一类疫苗，是指政府免费向公民提供，公民应当依照政府的规定接种的疫苗，包括国家免疫规划确定的疫苗，省、自治区、直辖市人民政府在执行国家免疫规划时增加的疫苗，以及县级以上人民政

府或者其卫生主管部门组织的应急接种或者群体性预防接种所使用的疫苗；第二类疫苗，是指由公民自费并且自愿受种的其他疫苗。

（1）国家免疫规划疫苗儿童免疫程序。

①卡介苗（接种 1 剂）：出生时。

②乙肝疫苗（接种 3 剂）：出生时、1 月、6 月。

③脊髓灰质炎灭活疫苗（接种 2 剂）：2 月、3 月。

④脊髓灰质炎减毒活疫苗（口服 4 剂）：2 月、3 月、4 月、4 岁。

⑤百白破疫苗（接种 4 剂）：3 月、4 月、5 月、18 月。

⑥白破联合疫苗（接种 1 剂）：6 岁。

⑦麻腮风疫苗（接种 2 剂）：8 月、18 月。

⑧乙脑减毒活疫苗（接种 2 剂）：8 月、2 岁。

⑨A 群流脑疫苗（接种 2 剂）：6 月、9 月。

⑩AC 群流脑疫苗（接种 2 剂）：3 岁、6 岁。

⑪甲肝减毒活疫苗（接种 1 剂）：18 月。

（2）国家免疫规划疫苗简介。

①卡介苗。

预防疾病：结核病。

疾病简介：结核病是由结核分枝杆菌引起的慢性传染性疾病，可累及全身各个器官，其中以肺结核最为常见。儿童感染结核菌后发热比成人快，进展迅速，极易发生并发症，短期内蔓延至全身器官而恶化。

传染源：病人、隐性感染者和结核菌素携带者。

传播途径：呼吸道传播，感染源大多为密切接触的患病者，如家人、保姆或育婴人员等。

接种程序和剂量：出生后接种，最迟到周岁前完成接种。

接种部位和途径：左上臂三角肌下端的皮内。

接种禁忌：已知对卡介苗所含任何成分过敏者；患急性疾病、严重慢性疾病、慢性疾病的急性发作期和发热者；妊娠期妇女；免疫缺陷、免疫功能低下或正在接受免疫抑制治疗者；患湿疹或其他皮肤病者；早产儿、明显的先天畸形儿、出生体重在2500g以下的新生儿。

接种反应：接种后2～3天接种处皮肤有红肿，几天后消失。3～4周后，接种处皮肤出现黄豆大小肿块，暗红色突起，中间有硬块。随后，硬块中央部分软化，形成小脓包，脓包可自行吸收，也可破溃，流出一些分泌物，形成溃疡，2～3周后逐渐结痂，留下一个略凹的小瘢痕。

温情提示：接种后注意局部清洁，洗澡时不要让水沾湿溃疡处，防止继发感染。若婴幼儿腋下淋巴结肿大直径大于1cm，或溃疡长期不愈合的，应带婴幼儿去医院就诊。

②乙肝疫苗。

预防疾病：乙型病毒性肝炎，简称乙肝。

疾病简介：乙肝是乙型肝炎病毒感染所致的一种流行广、危害大的传染病。乙肝患者不仅要忍受病痛，更严重的是不少乙肝病人在成年后会转为肝硬化或肝癌，给病人、家庭、社会带来了沉重的经济负担，是许多家庭因病致贫、因病返贫的重要原因。目前乙肝尚无根治方法。

传染源：主要是病人及病毒携带者，儿童自身缺乏对乙肝病毒的免疫力，更容易感染乙肝病毒。

传播途径：母婴传播、血液传播、性接触传播以及密切接触等。

接种程序和剂量：新生儿出生后24h内应接种第1针，间隔1个月接种第 2 针，第 1 针接种后 6 个月接种第 3 针 10 μg 乙肝疫苗。

接种部位和途径：上臂三角肌，肌内注射。

接种禁忌：发热、有中重度急性疾病的患者要缓种，等身体状况改善后再接种疫苗；接种前 1 剂疫苗后出现严重过敏反应者不再接种第 2 剂。

接种反应：很少有不良反应。一般见到的不良反应是在接种乙肝疫苗后 24 h 内，接种部位出现局部硬结、红肿等，多数情况下 2～3 天后消失。

保护时间：一般认为可保护 10 年以上。

③脊髓灰质炎灭活疫苗、脊髓灰质炎减毒活疫苗。

预防疾病：脊髓灰质炎。

疾病简介：脊髓灰质炎是由脊髓灰质炎病毒引起的传染病，这种病毒会侵袭脊髓，导致四肢瘫痪、畸形，尤以下肢多见，影响婴幼儿一生，多发于 5 岁以下儿童，故又称小儿麻痹症。

传染源：病人、隐性感染者和病毒携带者。

传播途径：粪—口传播，感染早期通过飞沫传播。

接种程序和剂量：脊髓灰质炎减毒活疫苗，婴幼儿出生后满 2 个月、3 个月、4 个月各口服 1 次，4 周岁时加强 1 次；脊髓灰质炎灭活疫苗，出生后 2 个月、3 个月各接种 1 剂。

接种部位和途径：脊髓灰质炎减毒活疫苗口服；脊髓灰质炎灭活疫苗注射。

接种禁忌：已知对该疫苗所含任何成分过敏者；患急性疾病、严重慢性疾病、慢性疾病的急性发作期和发热者；妊娠期妇女；免疫缺陷、免疫功能低下或正在接受免疫抑制治疗者；患未控制的癫痫和其他进行性神经系统疾病者。

接种反应：极少数孩子在服用糖丸后有发热、恶心、呕吐等症状，极个别出现轻度的腹泻，多数在 2 ～ 3 天自然痊愈。

温情提示：糖丸压碎后直接用冷开水服用，忌用热水或母乳服用，服用前后半小时不能喂奶或吃热的食物。

④百白破疫苗、白破联合疫苗。

预防疾病：百日咳、白喉、破伤风。

疾病简介：百日咳是由百日咳杆菌引起的呼吸道疾病，患者咳嗽时间长，需 3 个月左右，故称"百日咳"；白喉，是由白喉杆菌引起的呼吸道传染病，全身中毒性疾病，以咽、喉等处黏膜充血、肿胀并有灰白色假膜形成为突出临床特征，严重者可发生心肌炎和末梢神经麻痹；破伤风是由破伤风杆菌引起的急性疾病，严重者出现呼吸肌痉挛致呼吸暂停而死亡。

传染源：百日咳患者；白喉病人或带菌者。

传播途径：百日咳和白喉主要是通过呼吸道传播；破伤风可通过破损的皮肤和黏膜感染人体。

接种程序和剂量：出生后满 3 个月接种第 1 次百白破疫苗，满 4 个月、5 个月再各接种 1 次；18 个月加强 1 次。白破联合疫苗用于 6 ～ 12 岁儿童加强免疫，癫痫与神经系统疾患及惊厥史者、患急性或慢性严重疾病者、发热者暂缓接种。

接种部位和途径：上臂三角肌，肌内注射。

接种禁忌：对疫苗任何一种成分过敏者或之前接种这两种疫苗后出现过敏者禁用；以前接种含百日咳成分疫苗 7 天内，出现不明原因脑病者禁用。

接种反应：接种后 6 ～ 10 h，注射部位可能会出现轻微红肿、局部硬结，少数婴幼儿会有发热等反应，一般 2 ～ 3 天内消失。有的婴幼儿硬结需 1 ～ 2 月才消退，故下次注射应更换部位，热敷有助于硬结消退。

温情提示：含 PRN（即百日咳杆菌黏附素）的无细胞百白破联合疫苗，保护力更强，保护时间更长。

⑤麻腮风疫苗。

预防疾病：麻疹、流行性腮腺炎、风疹。

疾病简介：麻疹、流行性腮腺炎、风疹分别是由麻疹病毒、腮腺炎病毒、风疹病毒感染所致。麻疹是由麻疹病毒引起的呼吸道传染病，发病前 1 ～ 2 天至出疹后 5 天内均有传染性，并易发肺炎、脑炎、喉炎和心肌炎，有并发症者死亡率高。

传染源：患麻疹、流行性腮腺炎、风疹的病人。

传播途径：呼吸道或飞沫传播。

接种程序和剂量：出生后 18 ～ 24 月接种 1 剂，6 岁时加强 1 剂。

接种部位和途径：上臂三角肌，皮下注射。

接种禁忌：已知对该疫苗所含任何成分，包括辅料以及抗生素过敏者；患急性疾病、严重慢性疾病、慢性疾病急性发作期和发热者；妊娠期妇女；免疫缺陷、免疫功能低下或正在接受免疫抑制治疗者；患脑病、未控制的癫痫和其他进行性神经系统疾病者。

接种反应：接种疫苗后少数人可能会出现注射部位疼痛或触痛、发热、皮疹。

温情提示：接种 1 剂次疫苗可预防 3 种疾病，既提高了效率，又减少了多打针的痛苦。

⑥乙脑疫苗。

预防疾病：流行性乙型脑炎，简称乙脑。

疾病简介：乙脑是由乙脑病毒引起、经蚊子传播的较凶险的中枢神经系统性传染病，患者起病急骤，严重者会昏迷、呼吸衰竭。如治疗不及时，病死率高达 10% ～ 20%，约 30% 的病人可能有不同程度的后遗症，如失语、痴呆、肢体瘫痪、精神失常、智力减退等。

传染源：人和动物感染乙脑病毒后可成为传染源。猪是主要的传染源。

传播途径：蚊子等昆虫传播。

接种程序和剂量：灭活疫苗，8 月龄接种 2 剂，间隔 7 ～ 10 天，2 岁和 6 岁时各接种 1 剂；减毒活疫苗，8 月龄接种第 1 剂，2 岁时接种第 2 剂。

接种部位：上臂三角肌，皮下注射。

接种禁忌：已知对该疫苗所含任何成分，包括辅料以及抗生素过敏者；患急性疾病、严重慢性疾病、慢性疾病的急性发作期和发热者；妊娠期妇女；免疫缺陷、免疫功能低下或正在接受免疫抑制治疗者；患脑病、未控制的癫痫和其他进行性神经系统疾病者。

接种反应：极少数有发热、皮疹，主要为注射部位的局部红、肿、热、痛等。

⑦A 群流脑疫苗、AC 群流脑疫苗。

预防疾病：流行性脑脊髓膜炎，简称流脑。

疾病简介：流脑是由脑膜炎双球菌引起的急性呼吸道传染病，冬春季节流行，病死率高，有的孩子患病后留有后遗症。

传染源：病人和带菌者。

传播途径：呼吸道传播。

接种程序和剂量：出生后 6 月龄接种第 1 剂 A 群脑膜炎球菌多糖疫苗，间隔 3 个月后接种第 2 剂，3 岁和 6 岁各接种 1 剂 A 群、C 群脑膜炎球菌多糖疫苗。接种 2 剂免疫力可维持 3 ～ 4 年，因此需要加强免疫 2 剂。

接种部位和途径：上臂三角肌，皮下注射。

接种禁忌：已知对该疫苗所含任何成分过敏者；患急性疾病、严重慢性疾病、慢性疾病的急性发作期和发热者；患脑病、未控制的癫痫和其他进行性神经系统疾病者。

接种反应：反应轻微，可有短期低热、注射部位疼痛，可自行消失。

温情提示：有癫痫、惊厥和脑部疾病者不能接种。

⑧甲肝疫苗。

预防疾病：甲型肝炎，简称甲肝。

疾病简介：甲肝是由甲型肝炎病毒引起的胃肠道传染病，甲肝的临床表现差异很大，轻者没有症状，重的可以引发急性肝细胞坏死而迅速死亡。

传染源：病人或病毒携带者。

传播途径：粪—口途径、污染的水或食物、血液传播。

接种程序和剂量：甲肝减毒活疫苗，18 月龄接种 1 剂。甲肝灭活疫苗，18 月龄、24 ～ 30 月龄各接种 1 剂，两剂间隔 ≥ 6 个月。

接种部位和途径：甲肝减毒活疫苗为上臂外侧皮下注射；甲肝灭活疫苗为上臂三角肌肌内注射。

接种禁忌：已知对该疫苗所含任何成分，包括辅料以及抗生素过敏者；妊娠期妇女；患急性疾病、严重慢性疾病、慢性疾病的急性发作期和发热者；免疫缺陷、免疫功能低下或正在接受免疫抑制治疗者；患未控制的癫痫和其他进行性神经系统疾病者。

接种反应：极少数有低热、头痛、乏力、皮疹或接种部位红、肿、痛等反应，一般 1 ～ 3 天自行消失。

温情提示：甲肝灭活疫苗，免疫原性高，保护效果持久。

二、7 ～ 24 月龄婴幼儿健康喂养指南

本指南适合于满 6 月龄（出生 180 天后）至 2 周岁内（24 月龄内）的婴幼儿。

对于 7 ～ 24 月龄的婴幼儿，母乳仍然是重要的营养来源，但单一的母乳喂养已经不能完全满足其对能量以及营养素的需求，必须引入其他营养丰富的食物。与此同时，7 ～ 24 月龄婴幼儿胃肠道等消化器官的发育、感知觉以及认知行为能力的发展，也需要其有机会通过接触、感受和尝试，逐步体验和适应多样化的食物，从被动接受喂养转变到自主进食。这一过程从婴儿 7 月龄开始，到 24 月龄时完成。这一年龄段婴幼儿的特殊性还在于父母及喂养者的喂养行为对其营养和饮食行为有显著的影响。顺应婴幼儿需求喂养，有助于其健康饮食习惯的形成，并对其远期健康产生影响。

7 ～ 24 月龄的婴幼儿处于 1000 日机遇窗口期的第三阶段，适宜的营养和喂养不仅关系到近期的生长发育，也关系到成年后的健康。针对 7 ～ 24 月龄婴幼儿营养和喂养的需求，以及可能出现的问题，基于目前已有的证据，同时参考世界卫生组织等的相关建议，提出 7 ～ 24 月龄婴幼儿的健康喂养指南。重点推荐以下 6 条：

推荐一　满 6 月龄添辅食，母乳喂养不能停

　　　　富铁食物为首要，逐步食物多样化

　　　　顺应喂养是原则，鼓励进食不强迫

　　　　要保持原味，减少糖和盐摄入

推荐五　饮食卫生很重要，进食安全防意外

推荐六　体格指标须盯紧，平稳生长方为佳

推荐一　满 6 月龄添辅食，母乳喂养不能停

【引言简介】

母乳仍然可以为满 6 月龄后婴幼儿提供部分能量、优质蛋白质、钙等重要营养素，以及各种免疫保护因子等。而且继续母乳喂养有助于促进母子间的亲密接触，促进婴幼儿生长发育和心理健康。因此，7 ～ 24 月龄婴幼儿应继续母乳喂养。确实因各方面原因不能坚持母乳喂养，或因母乳不足的，需要以配方奶作为母乳的补充。

婴儿满 6 月龄时，胃肠道等消化器官已相对发育完善，同时，婴儿的口腔运动功能，味觉、嗅觉、触觉等感知觉，以及心理、认知和行为能力等已经有了很大变化。如果妈妈感觉到婴幼儿吃奶时间间隔越来越短，提示婴幼儿对营养的需求增多，单纯的母乳可能已经不能满足需要。同时，婴幼儿已可以靠坐着进食，上下乳门牙已开始萌出，频繁地流口水，很可能是唾液腺开始增加分泌的标志，预示着唾液腺分泌的淀粉酶增多，已开始逐步具备消化淀粉类等多样化食物的条件。以上种种，说明婴幼儿已准备好接受新的食物。此时开始添加辅食，不仅能满足婴幼儿的营养需求，也能满足其心理需求，并促进其感知觉、心理及认知和行为能力的进一步发展。

【关键推荐】

1. 婴儿满 6 月龄后仍需继续母乳喂养，并逐渐引入各种食物。

2. 辅食是指除母乳和配方奶以外的其他各种形状的食物。

3. 有特殊需要时须在医生的指导下调整辅食添加时间。

4. 不能母乳喂养或母乳不足的婴幼儿，应选择配方奶作为母乳的补充。

【重点解读】

1. 满 6 月龄后是添加辅食的最佳时机

　　世界卫生组织推荐，婴儿 6 个月内应纯母乳喂养，满 6 月龄起，在继续母乳喂养的基础上开始逐步添加辅食，以满足其生长发育对营养的需要。6 月龄内婴儿纯母乳喂养是国际社会继儿童计划免疫之后倡导的保护儿童健康的又一项重大技术对策，也是国内营养学界和医学界的主流观点和共识，包括认为满 6 月龄后在继续母乳喂养的同时，是逐渐添加辅食（即母乳外的其他各种食物）的最佳时机。因为经过 6 个月纯母乳喂养期，婴儿的体重比出

生时增加了 2 倍，满 12 月龄时达到出生时的 3 倍，满 24 月龄时达到出生时的 4 倍；同时，满 6 月龄身长（身高）比出生时增加了 1.3 倍，满 12 月龄时又增加 50% 左右，在 13 ～ 24 月龄间可再增加 10 cm 左右，几乎达到成人身高的一半。新生儿时大脑重量约为成人的 1/3，满 24 月龄时可达到成人的 70% 左右。俗话说"七坐八爬（意即 7 月龄时会坐，8 月龄时会爬）"，接下来婴幼儿会开始爬动；6 ～ 8 月婴幼儿萌出乳下门牙，9 月开始萌出乳上门牙，加上随着消化腺的发育，消化酶分泌开始增多，形成了咀嚼能力的黄金期，一旦错过这个时机，婴幼儿的咀嚼功能得不到及时有效的锻炼，婴幼儿就会形成不经咀嚼或很少咀嚼就吞食的不良习惯，影响食物的消化吸收；相关研究还发现，出生 17 ～ 26 周的婴儿对不同口味的接受度最高，而 26 ～ 45 周的婴儿对不同质地食物的接受度较高，所以此时接触辅食，有助于及早认知简单食物的形状、味道，乐于接受食物，可以减少偏食、挑食现象的发生；因此，适时添加与婴幼儿发育水平相适应的不同口味、不同质地、不同种类和不同品种的食物，可以促进婴幼儿味觉、嗅觉、触觉等感知觉灵敏度得到锻炼，提高并完善其口腔运动能力，包括舌头的活动、啃咬、咀嚼、吞咽等，有助于其神经心理，以及语言能力的发展。4 ～ 6 月龄婴儿已能扶坐靠坐，俯卧时能抬头、挺胸、用两肘支撑起胸部，能有目的地将手或玩具放入口内，伸舌反射

消失，当小勺触及口唇时本能地张嘴、吸吮，可以吞咽稀糊状的食物。综合婴幼儿以上的各种表现情况，此时开始添加辅食是适宜的。添加过晚，会造成婴幼儿过分依赖母乳，产生恋乳、恋母心理，不利于婴幼儿的健康成长，恋乳心理会增加婴幼儿接受辅食的困难度，而恋母心理会影响婴幼儿优秀性格的形成，表现为胆小、独立能力差、不合群等。婴幼儿的快速生长和体能消耗需要更高的能量、蛋白质、铁、锌、维生素 A、维生素 D、长链多不饱和脂肪酸、胆碱等营养物质的支撑，仅靠母乳喂养已不能完全满足婴幼儿对营养的需要。据专家测算，对于继续母乳喂养的 7～12 月龄婴儿，其所需要的部分能量，以及 99% 的铁、75% 的锌、80% 的维生素 B_6、50% 的维生素 C 等必须从添加的辅食中获得。因此，婴儿满 6 月龄时必须尽快引入各种营养丰富的食物，并向食物多样化发展。

普通鲜奶、酸奶、奶酪等乳制品的蛋白质和矿物质含量远高于母乳，会增加婴幼儿肾脏负担，所以不宜喂给 7～12 月龄的婴儿，而 13～24 月龄的幼儿则可以将其作为食物多样化的一部分逐渐进行尝试，但应少量进食、缓慢递增为宜，不能将此完全替代母乳和配方奶。普通豆奶粉、蛋白粉的营养成分不同于配方奶，也与鲜奶等奶制品有较大差异，不应列为婴幼儿食品食用。当婴幼儿发生慢性迁延性腹泻时，可在医生指导下选用无乳糖大豆基配方奶作为治疗饮食。

2. 满 6 月龄还需继续母乳喂养

婴儿满 6 月龄后仍然可以继续从母乳喂养中获得能量以及各种重要营养素，特别是抗体、母乳低聚糖等各种免疫保护因子，因为这是其他天然食物所不具备的。医学研究表明，7～24 月龄婴幼儿继续母乳喂养可显著减少腹泻、中耳炎、肺炎等感染性疾病；继续母乳喂养还可减少婴幼儿食物过敏、特应性皮炎等过敏性疾病；此外，母乳喂养的婴儿到成人期时，肥胖及各种代谢性疾病明显减少。与此同时继续母乳喂养还可增进母子间的情感连接，促进婴幼儿神经、心理发育。

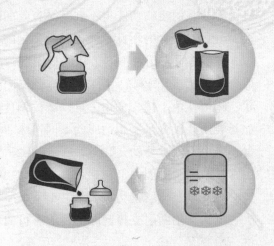

3. 不同月龄的母乳喂养量

为了保证能量及蛋白质、钙等重要营养素的供给，7～9月龄婴儿每天的母乳量应不低于600 mL，每天应保证母乳喂养至少3次；10～12月龄婴儿每天母乳量约600 mL，每天应母乳喂养3次；而13～24月龄幼儿每天需母乳量约500 mL。对于母乳不足或不能母乳喂养的婴幼儿，满6月龄后需要继续以配方奶作为母乳的补充。

推荐二 富铁食物为首要，逐步食物多样化

7～12月龄婴儿所需能量1/3～1/2来自辅食，13～24月龄幼儿1/2～2/3的能量来自辅食，而婴幼儿摄自辅食的铁更是高达99%。因而婴儿最先添加的辅食应该是富含铁的高能量食物，重视动物性食物的添加，如强化铁的婴儿米粉、肝泥、蛋黄泥、瘦肉泥等。在此基础上再逐渐引入其他不同种类的食物以提供各种营养素。辅食应包括7类食物，即谷类和根茎类、豆类和坚果、奶及奶制品、肉制品（肉鱼禽及内脏）、蛋类、富含维生素A的蔬菜水果及其他蔬菜水果。

辅食添加要遵循的原则：每次只添加一种新食物，由少到多（比如蛋黄先从添加1/8开始，过2～3天未发现有不良反应再添加到1/4～1/3，直至吃到1个）、由稀到稠（比如先喝米汤，过几天再稀粥，再烂面汤等）、由细到粗（比如由肉泥到肉末，再到肉细粒），循序渐进，注意婴幼儿进食技能培养。从一种富含铁泥糊状食物开始，如强化铁的婴儿米粉、肉泥等，每隔几天逐渐扩大食物种类，可按谷物（婴儿米粉）—蛋黄泥等动物性食物—蔬菜—水果—动物性食物的顺序来添加，并在食物种类中增加食物品种，逐渐过渡到半固体或固体食物，如烂面、肉末、碎菜、水果粒等。每引入一种新的食物应让婴幼儿适应2～3天，密切观察其是否出现呕吐、腹泻、皮疹等不良反应，适应一种食物后再添加其他新的食物。

铁广泛存在于各种食物中，但吸收利用率相差较大。一般动物性食物含有丰富并且容易吸收的血红素铁，所以铁吸收率均较高，比如动物肝脏、血、畜肉、禽肉、鱼类是铁的良好来源。但对于婴幼儿来说，首选猪肝，其含铁量为22.6 mg/100 g，作为食材容易获得，且猪肝质感软嫩，易加工成肝泥；瘦猪肉铁含量也较高，易被人体吸收利用，且是容易获得的食材，也是添加辅食优先选用的食物；蛋黄中虽然有较高的铁，但是其吸收率不如肉

类。动物血在屠宰过程中容易受到毛发、体屑、沙门菌污染，新鲜的动物全血不易获得，超市销售的血制品为延长保质期会使用食品添加剂，所以不建议优先使用；牛奶及奶制品和蔬菜中含铁量不高，并且生物利用率低。由于母乳中铁含量很低，而且乳母即使补充铁剂，也难以增加母乳中铁的含量。为此，特别要强调给 7 ~ 24 月龄婴幼儿，每天添加一定量的动物性食材制作的泥糊状食物，比如平均每天 5 ~ 10 g 动物肝脏，1 个鸡蛋，50 g 左右瘦肉等，满足婴幼儿铁的营养需求。

【关键推荐】

1. 随母乳量减少，逐渐增加辅食量。
2. 首先添加强化铁的婴儿米粉、肝泥、瘦肉泥等富含铁的泥糊状食物。
3. 每次只添加一种新的食物，逐步达到食物多样化。
4. 从泥糊状食物开始，逐渐过渡到固体食物。

【重点解读】

1.7 ~ 9 月龄婴儿添加辅食的方法

7 ~ 9 月龄属于辅食添加的开始阶段，主要是让婴儿适应新的食物并逐渐增加进食量。添加辅食应在婴儿身体健康即不是处于疾病过程中开始的，遵照辅食添加原则，循序渐进。

为了保证母乳喂养，建议刚开始添加辅食时，先从晚餐着手，母乳喂养估计婴儿半饱时再喂辅食，然后再根据需要哺乳。随着婴儿辅食量增加，满 7 月龄时，多数婴儿的晚餐辅食喂养可以成为单独一餐，随后再从午餐着手，过渡到先辅食喂养后哺乳间隔的模式。至 8 ~ 9 月龄，在晚餐、午餐都形成由辅食代替母乳的习惯后，可以开始在早餐也添加辅食。每天母乳喂养 4 ~ 6 次，辅食喂养 2 ~ 3 次。不能母乳喂养或母乳不足时应选择合适的较大婴儿配方奶作为补充。合理安排婴儿的作息时间，包括睡眠、进食和活动时间等，尽量将辅食喂养安排在与家人进食时间相近或相同时，为以后婴儿能与家人共同进餐创造氛围和条件。

▶从少到多 如蛋黄从适量 → $\frac{1}{4}$个 → $\frac{1}{2}$个

▶由稀到稠 如米汤→米糊→稀粥→稠粥→软饭

▶由细到粗 如菜汁→菜泥→碎菜→菜叶片→菜茎

▶从植物性食物到动物性食物 如谷类→蔬菜水果→蛋、鱼、肉、肝、豆

我国7～24月龄婴幼儿缺铁性贫血的发生率仍处于较高的水平，并存在明显的地区差异。虽然母乳中的铁吸收率可以达到50%，但由于母乳铁含量低，6月龄内婴儿主要依靠胎儿期肝脏储存铁来维持体内铁需要，而满6月龄后亟需从辅食中获得铁。由于该阶段婴幼儿生长越快，血容量扩张也越快，对铁的需要量也越高。据估算，7～12月龄婴儿铁的需要量高达8～10 mg/d，极易因铁摄入不足而造成缺铁和缺铁性贫血。刚开始添加辅食时，可选择强化铁的婴儿米粉，用母乳、配方奶或水冲调成稍稀的泥糊状（能用小勺舀起不会很快滴落）。婴儿刚开始学习接受小勺喂养时，由于进食技能不足，只会舔吮，甚至将食物推出或吐出，这时家长需保持耐心，可以用小勺舀起少量米糊放在婴儿一侧嘴角让其吮舔，再吐再送，切忌将小勺直接硬塞进婴儿嘴里，使其产生不良的进食体验。第一次只需尝试1小勺，第一天可以尝试1～2次。

第二天视婴儿情况递增进食量或进食次数。观察2～3天，如婴儿适应良好可接受就再引入一种新的食物，如蛋黄泥、猪肝泥、肉泥等富含铁的食物。在婴儿适应多种食物后可以混合喂养，如米粉拌蛋黄、肉泥蛋羹等。

鸡蛋及蛋类的添加应从蛋黄开始。由于蛋黄营养丰富，往往是家长制作辅食时添加最多的食材。但蛋黄是高营养物质，稍有不慎易遭微生物污染，同时，蛋黄又容易引起婴幼儿过敏。所以在用蛋黄制作辅食时，必须现取现做。鸡蛋煮熟后切忌用冷水浸泡降温，或一次性煮多个鸡蛋放冰箱备用。其做法是：水开后将整个鸡蛋继续煮 10 min，去除蛋壳、蛋白，取蛋黄，放在碗里用勺子背部碾轧成泥状备用。第一次添加 1/8 个蛋黄，加适量母乳、婴儿配方奶或水，调成糊状，或可将蛋黄加入婴儿已经熟悉的米糊、肉泥中；第二天可增加到 1/4 个蛋黄，第三天添加到 1/2 个蛋黄，第四天可添加整个蛋黄。

如果婴儿添加蛋黄后有呕吐、腹泻、严重皮疹等不良反应时应及时停止。如果症状严重应及时就医，判断是否为鸡蛋过敏。如果症状不严重，可以等待 2 周至症状消失后再次尝试，如果仍出现类似症状，可能是鸡蛋过敏，需要就医。

我国婴幼儿食物过敏的发生率仍在不断增加，预防和阻断食物过敏可减少特应性皮炎、哮喘、过敏性鼻炎等过敏性疾病的进一步发生。研究证实，在婴儿满 4 月龄前过早添加辅食会增加食物过敏的风险；但延迟添加易过敏食物，如牛奶、鸡蛋、花生、鱼、坚果、大豆类、小麦、海鲜（贝壳）等食物，并不能预防婴幼儿食物过敏的发生，并且也可增加食物过敏的风险。如海鲜类食物对人体来说属异性蛋白，若食用后引起腹泻与食用不洁食物引起的腹泻是不相同的，前者是过敏性腹泻，后者是感染性腹泻。在给 7～9 月龄婴儿引入新的食物时应特别注意观察是否有食物过敏现象发生。如在尝试某种新的食物的 1～2 天内出现呕吐、腹泻、湿疹等不良反应，须及时停止该食物，待症状消失后再从小量开始尝试，如仍然出现同样的不良反应，应尽快咨询医生，确认是否食物过敏。婴幼儿出生的第一年引入食物种类越多，过敏发生风险越低。

但对于婴儿偶尔出现的呕吐、腹泻、湿疹等不良反应，在不能确定与新引入的食物相关时，就不能简单地认为婴儿不适应此种食物而不再添加。当婴儿患病时应暂停引入新的食物，而已经适应的食物可以继续作为辅食添加。

婴幼儿辅食的量一般以其所需能量来决定。母乳提供能量为280 kJ/100 mL（67 kcal/100 mL）。7月龄婴儿的胃容量230～250 g，9月龄时为250～280 g，12月龄时为280～320 g。为平衡婴幼儿的能量需要量与胃容量的实际情况，除母乳外，7～9月龄婴儿每天需要从辅食中获得837 kJ（200 kcal）能量，约占全天总能量的1/3，10～12月龄婴儿需要1256 kJ（300 kcal），占45%，而13～24月龄幼儿需要2302 kJ（550 kcal），占62%。理想的辅食应达到每100 mL或100 g能提供能量在335 kJ（80 kcal）以上。世界卫生组织推荐，7～24月龄婴幼儿应摄入足量的动物性食物，每天做到"三个1"，即1杯奶（500 mL）、1个鸡蛋、1两（50 g）畜禽肉鱼（指畜禽肉鱼合起来的量）。如婴儿对鸡蛋过敏，在回避鸡蛋的同时应再增加肉鱼类30 g。如婴儿辅食以谷物类、蔬菜、水果等植物性食物为主，需要额外添加5～10 g油脂，推荐以富含α-亚麻酸的植物油为首选，如亚麻籽油、核桃油等。7～9月龄婴儿的辅食质地应该从刚开始的泥糊状逐渐过渡到带有小颗粒的厚粥、烂面、肉末、碎菜等。

食物中含有多种营养成分，不同食物中营养成分的种类和数量又各不相同，而人体对各种营养素的需要量也各不相同，只有多样化的食物才能提供全面而均衡的营养。

（1）谷物类。如米粉、厚粥、米饭、面条等，含有大量的碳水化合物，可以为婴幼儿提供能量，但除了强化婴儿米粉外，一般缺乏铁、锌、钙、维生素A等营养素。7～9月龄婴儿每天应摄入谷物类辅食不低于20 g，10～12月龄婴儿每天20～75 g，13～24月龄婴幼儿每天50～100 g。

（2）动物性食物。鸡蛋、畜禽肉、肝脏、鱼类等，富含优质蛋白质、铁、锌、维生素A等，是婴幼儿不可缺少的食物。鸡蛋蛋白质含量为12%，氨基酸组成与人体需要最为接近，利用率高，优于其他动物蛋白质，蛋黄中的维生素种类齐全，钙、磷、铁、锌、硒等矿物质含量丰富。7～9月龄婴儿动物性食物辅食逐渐达到每天至少1个蛋黄及25 g肉禽鱼，10～12月龄婴儿每天1个鸡蛋及25～75 g肉禽鱼，13～24月龄婴幼儿每天1个鸡蛋及 50～75g 肉禽鱼。

（3）蔬菜和水果。新鲜蔬果样样好，是维生素、矿物质、植物化学物以及膳食纤维的重要来源，具有多样的口味和质地，有助于婴幼儿学习和适应食物不同的味道、质地等。7～9 月龄、10～12 月龄婴儿每天各摄入25～100 g，13～24 月龄婴幼儿每天摄入各 50～150 g。

（4）豆类。豆类是优质蛋白质的补充来源。

（5）植物油和脂肪。提供能量以及人体必需脂肪酸。

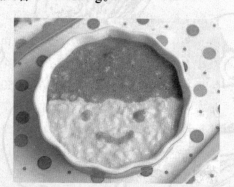

2.10～12 月龄婴儿的辅食

10～12 月龄婴儿已经尝试并适应多种种类的食物，这一阶段应在继续扩大食物种类的同时，增加食物的稠厚度和粗糙度，并注重培养婴儿对食物和进食的兴趣。

10～12 月龄婴儿的辅食质地应该比前期加厚、加粗，并可以带有一定的小颗粒，甚至尝试块状的食物。此时婴儿的乳磨牙均未萌出，但其牙床可以磨碎较软的小颗粒食物。尝试进食颗粒状食物可促使婴儿多咀嚼，有利于牙齿的萌出。

合理安排 10～12 月龄婴儿的睡眠、进食和活动时间，每天哺乳 4 次左右，辅食喂养 2～3 次（午、晚餐为保证餐次）。辅食喂养时间应安排在家人进餐的同时或相近时。逐渐做到与家人同时进食一日三餐，并在早餐和午餐、午餐和晚餐之间，以及临睡前各加餐 1 次。

10～12 月龄婴儿应保持每天 600 mL 的奶量；保证摄入足量的动物性食物，每天至少 1 个鸡蛋加 50 g 畜禽肉鱼；一定量的谷物类；蔬菜、水果的量以婴儿需要而定。继续引入新食物，特别是不同种类的蔬菜、水果等，增加婴儿对不同食物口味和质地的体会，避免形成挑食、偏食的习惯。不能母乳喂养或母乳不足的婴儿仍应选择合适的较大婴儿配方奶作为补充。

特别建议为婴儿准备一些便于用手抓捏的"手抓食物"，鼓励婴儿尝试自喂，如香蕉块、煮熟的土豆块和胡萝卜块、馒头、面包片、切片的水果和蔬菜以及撕碎的鸡肉等。可以采取先软后硬、渐进式的进食方式，一般在10 月龄时尝试香蕉、土豆等比较软的"手抓食物"，12 月龄时再尝试黄瓜条、苹果片等较硬的块状食物，需要注意的是，婴幼儿在食用"手抓食物"时，应固定在相对狭小区域，如坐在座椅上，座椅板应清洁，不能同时玩玩具，以防物体表面微生物的感染。

在给 10 ～ 12 月龄婴儿添加新的辅食时，仍应遵循辅食添加原则，并在其情绪良好状态下施行，循序渐进，需密切关注是否有食物过敏现象。

3.13 ～ 24 月龄幼儿的喂养

13 ～ 24 月龄幼儿已经大致尝试过自家各种日常食物，这一阶段家长要有意识地引导、示范、培养幼儿自主进食的习惯，使幼儿学会自己吃饭，逐渐适应家庭的日常饮食。幼儿在满 12 月龄后应与家人一起进餐，在继续提供辅食的同时，逐步鼓励其尝试家庭食物，并逐渐过渡到与家人一起共同进食家庭食物。随着幼儿自我意识的增强，应鼓励幼儿用小勺舀起食物，虽大多散落，仍鼓励反复用小勺舀起食物，直至散落的食物逐渐减少（这有一个过程，需要一定的时间）。18 月龄时幼儿能吃到大约一半的食物，而到 24 月龄时就能比较熟练地使用小勺自喂，食物少有散落。

13 ～ 24 月龄幼儿的奶量应每天维持约 500 mL，每天 1 个鸡蛋加 50g 左右的畜禽鱼肉，并每天吃 50 ～ 100 g 的谷物类，蔬菜、水果的数量仍然以幼儿的需要而定。不能母乳喂养或母乳不足时，仍然建议以合适的幼儿配方奶作为补充，可引入少量鲜牛奶、酸奶、奶酪等，作为幼儿辅食的一部分。

4. 动物性食物制作成泥糊状的做法

（1）肉泥。选用瘦猪肉、鸡肉、牛肉等，洗净后剁碎，或用食品加工机绞碎成肉糜，加适量的水蒸熟或煮烂成泥状。生肉糜加热后会呈颗粒状，小的婴幼儿可能会不适应而难以下咽，可在加工前先用研钵或调羹把肉糜研磨一下，或在肉糜中加入鸡蛋、嫩豆腐、红薯粉等，可以使肉泥更嫩滑。将肉糜和大米按 1：1 比例煮烂成黏稠的粥。

（2）肝泥。将猪肝洗净、剖开，用刀在剖面上慢慢刮出肝泥；或将剔除筋膜后的鸡肝、猪肝等剁碎或在食品加工机中绞碎成肝泥，蒸熟或煮熟即可；也可将各种肝脏蒸熟或煮熟后碾碎成肝泥。

（3）鱼泥。将鱼洗净、蒸熟或煮熟后去皮、去骨、去刺（特别是细刺、小刺），将留下的鱼肉用调羹压成泥状即可。一般海鱼个头比淡水鱼大，其腹部鱼刺相对较少，并且含有较多的不饱和脂肪酸，肉质鲜嫩，为婴幼儿们所喜欢。

（4）虾泥。须选用鲜活海虾或河虾，剥出虾仁后洗净，剁碎或在食品加工机中绞碎成虾泥，蒸熟或煮熟即可。

以上制成的各种泥糊状的动物性食物可以单独吃，也可以和菜泥等一起加入粥、面糊或面条中，搅匀后给婴幼儿喂食。

5. 植物性食物制作成泥糊状的做法

（1）菜泥。选择叶茎类蔬菜，可摘取其嫩菜叶，水煮沸后将菜叶放入水中略煮，捞出剁碎或捣烂成泥状，与粥、米粉糊等混合后供婴幼儿食用。

（2）薯类（如土豆、红薯、山药）、根菜类（如胡萝卜）菜泥。将食材洗净去皮，切成小块后煮烂或蒸熟，用调羹压成泥状或捣烂即可。

（3）豆泥。芸豆、豌豆、扁豆、鹰嘴豆、红豆、绿豆等杂豆，提前浸泡用高压锅煮烂，还需用调羹压成泥状，去除豆皮即可。杂豆富含人体必需的矿物质，其B族维生素含量高于谷类；杂豆富含赖氨酸（谷类不含赖氨酸），与谷类搭配可以起到食物蛋白质互补作用，提高食物的营养价值。建议豆泥在婴幼儿八九月龄以后少量尝试食用，开始食用时注意婴幼儿的大便次数和形状的变化，若无异常可继续食用。

（4）果泥。香蕉、苹果等果肉，用不锈钢匙轻轻刮成泥状或捣烂；哈密瓜、猕猴桃、木瓜等水果，洗干净后去皮、去籽，瓜瓤切成小块后压成泥状。

以上制作的水果泥可以直接食用，但必须现做现吃，吃多少做多少。菜泥最好加入适量植物油，或与肉泥混合后喂养。

6. 如何避免婴幼儿挑食偏食

挑食偏食是婴幼儿常见的不良饮食习惯，若长期不纠正，会造成婴幼儿某种或若干种营养素的缺乏，将直接影响其正常的生长发育。所以家长一定要重视这个问题，通过多方面努力来解决。

（1）婴幼儿挑食偏食是无意识地，很可能今天不喜欢，明天又喜欢了。所以当婴幼儿表现出不喜欢某种食物后家长不必担心，更不要轻易放弃，可以隔几天再制作喂食。喂时家长要表现出食物很好吃的样子，边带头品尝，边夸奖食物，因为9月龄左右的婴幼儿已能理解简单词句的意义，引导和提高婴幼儿对食物的兴趣。

（2）使用有图案的婴儿专用小碗，将婴幼儿不喜欢吃的食物采用重复小分量喂送，鼓励其尝试并及时给予表扬，但不可强迫喂食。

（3）以婴幼儿喜欢的食物为基础，选择颜色、形状接近的食材，制作成口味相同的食物。也可以婴幼儿喜欢的食物为基础，将婴幼儿不喜欢的食物切细切碎混在其中，先少量，再增多。

（4）添加蔬菜类食物。因蔬菜类食物品种繁多，选择余地大，颜色多样，做成的食物能吸引婴幼儿。

（5）对婴幼儿确实不爱吃的食物，可以切碎后与肉、蛋等一起做成馅料，制作成饺子、馄饨、包子、春卷、蛋卷包、千张包、豆腐皮包等，既外观新颖，方便婴幼儿咀嚼，又营养丰富，有利消化吸收。

（6）家长良好的饮食行为对婴幼儿具有潜移默化的影响，建议家长应以身作则、言传身教，待婴幼儿稍大时与其一起进食，起到良好榜样作用。

推荐三　顺应喂养是原则，鼓励进食不强迫

【引言简介】

随着婴幼儿生长发育，家长应根据其营养需求和感知觉的变化，以及认知、行为和运动能力的发展，顺应婴幼儿的需要进行喂养，帮助婴幼儿逐步达到与家人相一致的规律进餐模式，教育、引导、培养婴幼儿学会自主进食、遵守必要的进餐礼仪的饮食习惯。

家长有责任为婴幼儿提供与其生长发育水平相适应的多样化食物，在喂养过程中应关注、感知婴幼儿所发出的饥饿或饱足的

信号，并及时作出积极、恰当的回应。尊重婴幼儿对食物的选择，耐心鼓励和协助婴幼儿进食，在一般情况下，若婴幼儿已经吃了平时的饭量，开始不好好吃了，说明婴幼儿已经吃饱了，这时就不必再哄他继续吃了。

家长要为婴幼儿营造良好的进餐环境，保持进餐环境安静、卫生整洁、空气流通、光线柔和，避免电视、玩具等对婴幼儿注意力的干扰。控制每餐时间不超过 20 min。家长要为婴幼儿做好进食的榜样。

【关键推荐】

1. 耐心喂养，鼓励进食，但决不强迫喂养。
2. 鼓励并协助婴幼儿自己进食，培养进餐兴趣。
3. 进餐时不看电视、玩玩具，每次进餐时间不超过 20 min。
4. 进餐时父母与婴幼儿应有充分的交流，不以食物作为奖励或惩罚。
5. 父母应保持自身良好的进食习惯，成为婴幼儿的榜样。

【重点解读】

1. 为什么要倡导顺应喂养

顺应喂养是在顺应养育模式框架下发展起来的，家长与孩子互动的婴幼儿喂养模式。世界卫生组织推荐，7～24 月龄辅食添加期婴幼儿可采用顺应喂养模式。7 月龄以上婴幼儿的顺应喂养与 6 月龄内婴儿的顺应喂养在喂养方式、食物内容、喂养要求等方面都有很大不同，这时的婴幼儿消化系统得到发育，感知觉、认知、行为和运动能力有了很大发展，已具备可以自主进食的身体条件，由纯母乳喂养向母乳喂养与添加辅食转变，由被动接受喂养向自主进食转变。顺应喂养要求：一是父母应负责准备安全、有营养的食物，并根据婴幼儿需要及时提供；二是父母应负责创造良好的进食环境；三是具体吃什么、吃多少，应由婴幼儿自主决定。喂养过程中，家长应及时感知婴幼儿发出的饥饿或饱足的信号，充分尊重婴幼儿的意愿，耐心细致、引导鼓励，但决不能强迫喂养。

婴幼儿有天然的感知饥饱、调节能量摄入的能力，但这种能力会受到父母不良喂养习惯的影响，导致婴幼儿对饥饱感知能力的下降，并进而因过量喂养或喂养不足造成超重或体重不足。通过顺应喂养，可增强婴幼儿对喂养的兴趣，增进对饥饿或饱足的内在感受，激发其以独特的信号与父母沟通交流，促使婴幼儿逐步学会独立进食。实践证实，在生命早期，顺应喂养对儿童营养、生长、认知和健康饮食习惯的形成具有十分积极的作用。

　　2. 顺应喂养的做法

　　父母需要根据婴幼儿
不同的月龄准备好合适的
辅食，并按婴幼儿的生活
习惯决定辅食喂养的适宜
时间。从开始添加辅食起
就应为婴幼儿安排固定的
座位和餐具，营造安静、
光线明亮、卫生整洁的进
餐环境，杜绝电视、玩具、
手机等的干扰。喂养时父
母应与婴幼儿保持面对面
的状态，以便于交流。

　　父母应及时回应婴幼儿发出的饥饿或饱足的信号，及时提供或终止喂
养。如当婴幼儿看到食物表现兴奋、小勺靠近时张嘴、舔吮食物等，是饥饿
的表示，而当婴幼儿吐出食物，或紧闭小嘴、头扭向一侧，再喂还是这番表
现，表示其已吃饱，无须再哄喂。父母应以正面的态度，鼓励婴幼儿或以简
单动作如点头表示"还要"，摇头表示"不要"，或以语言（指已开始说话
的婴幼儿）、肢体语言等来表达要求进食或拒绝进食的意愿，增进婴幼儿对
饥饿或饱足的内在感受，锻炼其自我控制饥饿或饱足的能力。

　　父母应允许婴幼儿在准备好的食物中挑选自己喜爱的食物。对于婴幼
儿不喜欢的食物，父母应反复提供并鼓励其尝试，不能强迫喂给。父母不能
以自己的食物喜恶作为给婴幼儿提供食物的依据，一味只提供自己喜爱的食
物，因为父母喜欢吃的食物婴幼儿不一定就喜欢吃，客观上造成婴幼儿的挑
食偏食。正确的做法是让婴幼儿尝试多种类不同食物、味道、口感的搭配，
满足其好奇心，提高对食物的兴趣。研究表明，婴儿需要尝试 7 ～ 8 次后才
能接受一种新的食物，幼儿则需要尝试 10 ～ 14 次后才能接受新的食物。所
以当婴幼儿拒绝某种新的食物时，父母要有充分的耐心，反复尝试，并鼓励
婴幼儿逐渐尝试各种不同口味和质地的蔬菜和水果，有利于增加其在儿童和
成人期的蔬菜和水果摄入量。

　　及时提供与婴幼儿月龄和发育水平相适应的不同形状、不同质地、不同

口味的辅食，以刺激婴幼儿口腔运动技能的发育，包括舌头的灵活运动、啃咬、咀嚼、吞咽等，有利于婴幼儿乳牙的萌出，同时可以增强婴幼儿的自主意识并促进其精细运动包括手眼协调能力的发育。研究还表明，如果婴儿10月龄前未尝试过"块状"食物，会增加喂养困难的风险。

辅食添加从每次一调羹、一天两次开始，逐渐地增加喂养次数和喂养量，逐渐增加新食物，包括鱼虾蛋奶和蔬果。这个过程中，父母不能以食物和进食作为惩罚和奖励。

父母应允许并鼓励婴幼儿尝试自己进食，可以手抓或使用小勺等，并建议特别为婴幼儿准备合适的"手抓食物"，在拿取食物前将他们的手洗干净，注意手能够触碰到的区域物体表面的卫生。鼓励婴幼儿在良好的互动过程中练习自主进食，增强其对食物的关注和进食的兴趣，促使其逐步学会独立进食。此外，父母的进食行为和用餐习惯是婴幼儿的榜样，应多做示范引领的动作，让婴幼儿多模仿、多练习。

3. 合理安排餐次和进餐时间

为培养婴幼儿良好的生活习惯，从添加辅食起就应将喂养时间安排在与家人进餐的同时或相近时，并逐渐做到与家人一日三餐的进餐时间相一致，并在两餐之间，即早餐和午餐、午餐和晚餐之间，以及睡前额外增加一次辅食喂养，但婴儿满6月龄后应尽量减少夜间喂养。

一般7～9月龄婴儿每天辅食喂养2次，母乳喂养4～6次；10～12月龄婴儿每天辅食喂养2～3次，母乳喂养4次；13～24月龄幼儿每天辅食喂养3次，母乳喂养3次。

由于婴幼儿的注意力持续时间较短，所以一次进餐的时间应控制在20 min以内，时间过长会养成拖拉进餐的坏习惯。进餐过程中应鼓励婴幼儿手抓食物自喂，或学习使用餐具，以增加婴幼儿对食物和进食的兴趣。进餐时看电视、玩玩具等会分散婴幼儿对进食和食物的兴趣，必须加以禁止（婴幼儿进餐应该安排在没有电视、玩具的环境）。

4.培养自主进食能力

婴幼儿学会自主进食有一个过程，需要父母耐心细致反复尝试，逐步训练和培养婴幼儿的自主进食能力。7～9月龄婴儿已开始喜欢抓握、玩弄小勺等餐具；9月龄的婴儿已产生朦胧的自我意识，什么事情都想自己来做。10～12月龄婴儿已经能捡起较小的物体，手眼协调已趋熟练，可以尝试让其自己抓着香蕉，或煮熟的土豆粒、胡萝卜粒等自己吃。13月龄幼儿愿意尝试抓握小勺自己吃，但食物大多会洒落。18月龄的幼儿可以用小勺自喂，仍有较多洒落，但比13月龄幼儿明显好多了。24月龄幼儿已能用小勺自主进食，并且食物已较少洒落。父母应该了解和掌握7～24月龄婴幼儿如上面所说在感知觉、认知、行为和运动能力方面的生理变化，并根据这些变化可以很好地做好婴幼儿在不同月龄学习自主进食的行为促进，从而取得良好的效果。

5.7～9月龄婴儿的膳食安排

7～9月龄婴儿可尝试不同种类的食物，包括蔬果、畜禽鱼类。每天辅食喂养2次，母乳喂养4～6次，约600 mL。每天辅食逐渐达到蛋黄或鸡蛋1个，畜禽鱼类50g；适量的强化铁的婴儿米粉、厚粥、烂面等谷物类；蔬菜和水果以尝试为主。少数确认对鸡蛋过敏的婴儿应回避鸡蛋，相应增加畜禽鱼类约30g。7～9月龄婴儿应逐渐停止夜间喂养，白天的进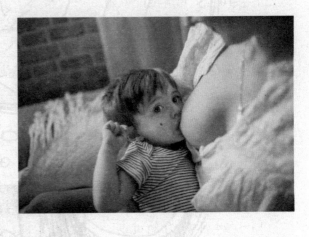餐时间安排逐渐与家人一致。一天的膳食大致可安排如下，供父母亲参考，并在辅食制作时逐步增加食物种类，为过渡到10～12月龄的膳食打好基础。

早上7点：母乳或配方奶。

上午10点：母乳或配方奶。

中午12点：各种泥糊状的辅食，如婴儿米粉、稠厚的肉末粥、肝泥粥、菜泥、果泥、蛋黄等。

下午 3 点：母乳或配方奶。

下午 6 点：各种泥糊状的辅食（如上）。

晚上 9 点：母乳或配方奶。

夜间可能还需要母乳或配方奶喂养 1 次。

6.10 ～ 12 月龄婴儿的膳食安排

10 ～ 12 月龄婴儿每天添加 2 ～ 3 次辅食，母乳喂养 3 ～ 4 次，每天奶量约 600 mL；鸡蛋 1 个，畜禽鱼类 50 g；适量的强化铁的婴儿米粉、稠厚的粥、软饭、馒头等谷物类；继续尝试不同品种的蔬菜和水果，并根据婴儿的意愿增加进食量；可以鼓励尝试婴儿自己啃咬香蕉、煮熟的土豆和胡萝卜粒等。

这时应停止夜间喂养，一日三餐的时间与家人大致相同，并在早餐与午餐、午餐与晚餐之间，以及临睡前各安排一次点心。一天的膳食大致可安排如下。

早上 7 点：母乳或配方奶，加婴儿米粉或其他辅食。以喂奶为主，需要时再加辅食。

上午 10 点：母乳或配方奶。

中午 12 点：各种厚糊状或小颗粒状辅食，可以尝试软饭、肉末、碎菜等。

下午 3 点：母乳或配方奶，加水果泥或其他辅食。以喂奶为主，需要时再加辅食。

下午 6 点：各种厚糊状或小颗粒状辅食。

晚上 9 点：母乳或配方奶。

7.13 ～ 24 月龄幼儿的膳食安排

13 ～ 24 月龄为幼儿期，其膳食安排显然会与婴儿期不同。一日三餐应安排与家人一起进食，并在早餐与午餐、午餐与晚餐之间，以及临睡前各安排一次点心。13 ～ 24 月龄幼儿每天仍需保持 500 mL 的

奶量，鸡蛋1个，畜禽鱼类75g左右；软饭、面条、馒头、强化铁的婴儿米粉等谷物类约50～100g；继续尝试不同品种的蔬菜（逐渐增加深色蔬菜的品种）和水果，尝试啃咬水果片或煮熟的较大块蔬菜，增加进食量。需要注意的是，有些水果可能引起幼儿过敏，如芒果、菠萝、猕猴桃、草莓等，所以给幼儿吃未曾吃过的水果时，一定要少量，并观察有无不适的情况，若无异常，隔2～3天可再吃。一天的膳食大致可安排如下。

早上7点：母乳或配方奶，加婴儿米粉或其他辅食，尝试家庭早餐。

上午10点：母乳或配方奶，加水果或其他点心。

中午12点：各种辅食，鼓励幼儿尝试成人的饭菜，鼓励幼儿自己进食。

下午3点：母乳或配方奶，加水果或其他点心。

下午6点：各种辅食，鼓励幼儿尝试成人的饭菜，鼓励幼儿自己进食。

晚上9点：母乳或配方奶。

推荐四　辅食要保持原味，减少糖和盐摄入

【引言简介】

辅食应保持原味，不加盐、糖、香精、防腐剂等，以及刺激性调味品，保持天然口味。天然口味的食物有利于提高婴幼儿对不同天然食物口味的接受度，减少偏食挑食行为的发生。天然口味食物减少了婴幼儿盐和糖的摄入量，可降低儿童期及成人期肥胖、糖尿病、高血压、心血管疾病的发生风险。

强调婴幼儿辅食不额外添加盐、糖及刺激性调味品，也是为了提醒父母在准备家庭食物时也应保持淡口味，既为适应婴幼儿的需要，也能避免"重口味"饮食带来的健康问题。

【关键推荐】

1. 婴幼儿辅食应单独制作。
2. 保持食物原味，不需要额外加糖、盐及各种调味品。

3. 1 岁以后逐渐尝试淡口味的家庭膳食。

4. 婴幼儿膳食需要较高的脂肪供能比例。

【重点解读】

1. 不用盐能否满足婴幼儿钠和碘的需求

母乳中钠的含量可以满足 6 月龄内婴儿的需要，而配方奶的钠含量高于母乳。7 ~ 12 月龄婴儿可以从天然食物中，主要是动物性食物中获得钠，如 1 个鸡蛋含钠 71 mg，100 g 新鲜瘦猪肉含钠 65 mg，100 g 新鲜海虾含钠 119 mg，加上从母乳中获得的钠，可以达到《中国居民膳食营养素参考摄入量》建议 7 ~ 12 月龄婴儿钠的适宜摄入量 350 mg/d 的推荐量。13 ~ 24 月龄幼儿因为开始少量尝试家庭食物，钠的摄入量将明显增加。

食盐强化碘是应对碘缺乏的重要措施。强调减少盐的摄入可能会同时减少碘的摄入，有引起碘缺乏的潜在风险。

《中国居民膳食营养素参考摄入量》建议 0 ~ 6 月龄婴儿每天碘的适宜摄入量为 85 μg，7 ~ 12 月龄婴儿为 115 μg。3 岁幼儿的碘推荐摄入量为每天 90 μg。在母亲碘摄入充足的前提下，母乳碘含量可达到 100 ~ 150 μg/L，能满足 0 ~ 12 月龄婴儿的需要。7 ~ 12 月龄婴儿可以从添加的辅食中获得部分碘，而 13 ~ 24 月龄幼儿开始尝试家庭食物，也会摄入少量的含碘盐，从而获得足够的碘。

2. 适合的辅食烹饪方法

辅食烹饪最重要的是要将食物煮熟、煮透，并尽量保持食物中的营养成分和天然口味，并使食物质地能适合婴幼儿的进食能力（如啃咬、咀嚼、吞咽），有利于食物的消化吸收。辅食烹饪方法宜多采用蒸、煮，不宜用煎、炸，煎、炸的食物表面过硬，不利于婴幼儿啃咬、咀嚼，也不利于食物的消化吸收。

婴幼儿的味觉、嗅觉还在形成和完善过程中，8 月龄开始对芳香气味有反应。父母不应以自己的口味来评判食物、选择食物。在制作辅食时可以通过选择不同种类、不同品种的食物的搭配来增加颜色花样，增进口味，吸引婴幼儿对食物的关注，提高婴幼儿对食物的兴趣，调动婴幼儿的食欲，如番茄蒸肉末、土豆牛奶泥等，其中天然的奶香味和酸甜味是婴幼儿最熟悉和喜爱的口味。

3. 适合 13 ～ 24 月龄幼儿的食物

添加辅食的最终目的是逐渐使婴幼儿的饮食模式转变为成人的饮食模式，因此应该鼓励 13 ～ 24 月龄幼儿逐渐尝试家庭食物，并能在满 24 月龄后与家人一起进食，完全进入成人的饮食模式。但需要注意的是，并不是所有的家庭食物都适合 13 ～ 24 月龄的幼儿食用，如经过腌、熏、卤制的食物，高盐、高油、高糖的食物，以及辛辣刺激的食物等。适合 13 ～ 24 月龄幼儿的家庭食物应该是少盐、少糖、少刺激的淡口味食物，并且最好是家庭自制的食物。在初始阶段，可以在家庭食物中留出部分还未加调味品、相对口味淡一点的食物给幼儿，因食物的外观一致，不会影响幼儿的食用。

4. 怎样避免高糖、高盐的加工食品

研究表明，过量摄入钠与成人高血压、心脏病等密切相关。当成人钠的摄入量下降到每天 2000 mg 以下时，降低血压的效应更明显。因而中国营养学会推荐成人每天钠的摄入量应不超过 2000 mg(相当于 5 g 食盐)，7 ～ 24 月龄婴幼儿每天钠的摄入应不超过 350 ～ 700 mg，相当于 0.9 ～ 1.8 g 盐。

7 ～ 24 月龄婴幼儿的肾脏、肝脏等各种器官还未发育成熟，过量摄入钠可能会增加肾脏负担。有研究发现，出生早期采用配方奶喂养的婴儿肾脏稍大于母乳喂养的婴儿，推测与配方奶婴儿钠摄入多、肾负荷过高有关。国外研究显示，1 岁以上幼儿钠的来源主要是购买的成品辅食，市场上购买的成品辅食往往添加了盐、糖（含量偏高）和其他调味品，所以婴幼儿辅食应避免使用成品辅食。

食物中额外添加的糖，除了增加能量外，不含任何营养素，被称为"空白能量"。果汁中的果糖、蔗糖等糖含量过高，婴幼儿应少量饮用，最好还是食用果泥和小果粒。糖的过量摄入不仅增加婴幼儿患龋齿的风险，也增加婴幼儿额外的能量摄入，增加儿童期、成年期发生肥胖的风险，并相应增加 2 型糖尿病、心血管疾病的发生风险。

经过加工后的食品，其中的钠含量大大提高，并且不少家庭也有添加糖的习惯。如新鲜番茄几乎不含钠，100 mL 市售无添加番茄汁含钠 20 mg，而 10 g 番茄沙司含钠量高达 115 mg，并已加入玉米糖浆、白砂糖等。100 g 新鲜猪肉含钠 70 mg，而市售 100 g 香肠中含钠量超过 2500 mg。即使是婴儿肉松、肉酥等加工肉制品，100 g 含钠量仍高达 1100 mg。

父母要学会查看阅读食品营养标签，来识别高糖、高盐的加工食品。根据食品安全国家标准《预包装食品营养标签通则》（GB 28050—2011）的规定，能量、蛋白质、脂肪、碳水化合物和钠是营养成分表强制标示的内容，食品营养标签上需要标示每 100 g 食物中的能量及各种营养素的含量，并标示其占全天营养素参考值的百分比（NRV%，占每日推荐量的百分比）。一般来说，超过钠 30%NRV 的食物应注意少购少吃。从食品标签上的配料

表上可查到额外添加的糖。要注意的是，额外添加的糖除了标示为蔗糖（白砂糖）外，还有其他各种名称，如麦芽糖、果葡糖浆、玉米糖浆、浓缩果汁、葡萄糖、蜂蜜等。

5. 婴幼儿需要较高的脂肪供能比

婴幼儿处于快速生长期，对能量的相对需要量高于成人，而能量密度最高的是油脂。从最初的纯母乳喂养逐步过渡到 2 岁时接近成人的多样化膳食，婴幼儿膳食中的脂肪供能比也相对逐渐降低，从 0～6 月龄的 48%，到 6～12 月龄的 40%，再到 2 岁时的 35%，明显高于成人的 25%～30%。同时，婴幼儿也需要较多的二十二碳六烯酸（DHA）和二十碳四烯酸（花生四烯酸，ARA）等必需脂肪酸，以保证大脑及视功能的生长发育。因此，婴幼儿膳食需要注意适量选择富含油脂的食物，如鸡蛋、瘦肉，以及富含 n-3 多不饱和脂肪酸的鱼类等。在制作谷物等辅食时应添加适量的油脂，可多选择如大豆油、菜籽油和亚麻籽油等富含 α- 亚麻酸等必需脂肪酸的油脂。

推荐五 饮食卫生很重要，进食安全防意外

【引言简介】

选择新鲜、优质、无污染的食物和清洁水制作辅食，一般认为，目前城镇管道供应的自来水经过净化、消毒处理，使用是安全的。家长制作辅食前须先洗手。制作辅食的餐具、场所应保持清洁。辅食应煮熟、煮透，存放于婴幼儿专用的餐具中。制作的辅食应及时食用或妥善保存。强调进餐前洗手，保持餐具和进餐环境清洁。

婴幼儿进食时一定要有成人看护，以防进食意外。整粒花生、香榧子、夏威夷

果等坚果、果冻等食物不适合婴幼儿食用。

【关键推荐】

1. 选择安全、优质、新鲜的食材。
2. 制作过程始终保持清洁卫生，生熟分开。
3. 不吃剩饭剩菜，妥善保存和处理剩余食物。
4. 饭前便后洗手，进食时应有成人看护，并注意进食环境安全。

【重点解读】

1.保证家庭自制辅食的安全卫生

世界卫生组织推荐食品安全五大要点，即保持清洁；生熟分开；做熟；保持食物的安全温度；使用安全的水和原材料。

研究表明，婴幼儿添加辅食后，腹泻的风险大大增加，分析原因，主要是由于在制作、进食过程中辅食受到微生物污染。实际上，只要重视辅食

制作和食用的卫生，一些简单的防范措施就可预防食物被污染并避免婴幼儿腹泻，如采用新鲜食物，可以选择当地当季或储藏期短的食物，新鲜食物营养充足，一般不会受到细菌、霉菌污染，也不会出现油脂氧化发生酸败的情况；将食物充分煮熟，食物冷藏保存，无冷藏条件的应在 2 h 内吃完；饭前洗手也是减少食源性感染的重要环节；奶瓶比杯子等更容易受污染，可让婴幼儿尽早尝试用杯子喝奶或凉开水。

　　家庭自制婴幼儿辅食时，应选择新鲜、优质、安全的原材料。辅食制作过程中必须注意清洁、卫生，如制作前洗手、保证制作场所及厨房用品清洁。必须注意生熟分开，以避免交叉污染。按照需要制作辅食，做好的辅食应及时食用，未吃完的辅食不应隔餐再给婴幼儿吃。多余的食材或制成的半成品，应及时放入冰箱冷藏或冷冻保存。

　　家庭中自制婴幼儿辅食时要做到以下几点。

　　（1）准备辅食所用的案板、锅铲、碗勺等炊具均应清洗干净，做到专具专用，婴幼儿要有自己的碗和小勺子，不能与大人混用食具。

　　（2）选择新鲜的食材，并认真仔细地择选和清洗。

　　（3）避免油炸、烧烤等烹饪方法，减少营养素的流失。薯类、茄果类，根菜类蔬菜要切的比大人食用时更碎，13月龄以上幼儿的蔬菜煮熟即可，不要煮得过烂。

　　（4）单独制作，或在家庭烹饪食物投放调味品之前，选出部分适合婴幼儿的食物。

　　（5）现做现吃，没有吃完的辅食不能隔餐再喂给婴幼儿。

　　（6）不吃罐头食品。罐头食品含有大量盐、糖、防腐剂等，不适宜婴幼儿食用。

2.防范进食意外

进食意外是造成婴幼儿伤害的常见原因之一，需要引起父母或喂养者的高度重视。

鱼刺等卡在喉咙是最常见的进食意外。当婴幼儿开始尝试家庭食物时，由大块食物哽噎而导致的意外会有所增加。整粒花生、腰果、香榧子、榛子、杏仁、夏威夷果等坚果，颗粒大，硬度高，婴幼儿无法咬碎而吞食，容易呛入气管，所以要禁止食用。果冻等胶状软性食物往往未经充分咀嚼而吞食，不慎吸入气管后不易取出，也不适合2岁以下婴幼儿食用。但作为父母来说，也不必过分担忧怕婴幼儿噎着，一般来说，婴幼儿的辅食从流质到糊状、半固体、固体，已经有一个适应的过程，为了锻炼婴幼儿的咀嚼和吞咽动作，可以给婴幼儿吃从软到硬的小奶片、小奶饼、磨牙饼、烤面包片，直至馒头干片。研究表明，婴幼儿出生时味觉发育已较完善，4～5月为味觉发育关键期，7～8月为咀嚼、吞咽功能最佳完善期，错过这个阶段，婴幼儿的咀嚼、吞咽能力就会下降。

婴幼儿进食时随意走动，易引起碰伤，或在餐桌上随意拉扯双手触碰到碗盆，若遇滚烫的汤类食物，容易被烫伤。为保证进食安全，婴幼儿进食时应固定位置，必须有成人的看护，热度高的食物包括刚煲好的汤、刚煮好的稀饭等要放在婴幼儿座位的反方向，防范意外事件的发生。

3.确保食物安全

只有确保食物安全，才能更好地从食物中获得营养，促进婴幼儿健康生长。确保食物安全首先要选择卫生的食物，卫生的食物是指食物干净，无污染，无可见腐烂，包装食品的包装无破损等。其次是将食物煮熟。经过高温烧煮后，绝大多数的病原微生物均可被杀灭。但煮熟后的食物仍有再次被污染的可能，因此准备好的食物应尽快食用。生吃的水果和蔬菜必须用清洁水彻底洗净，去掉外皮及果核和籽，以保证婴幼儿食用安全。

家庭自制辅食要保证食物新鲜，不添加盐、糖等调味品，味道也会更偏向于婴幼儿喜欢的口味，家长应学习烹制婴幼儿食物，保障安全和营养。

推荐六　体格指标须盯紧，平稳生长方为佳

【引言简介】

适度、平稳生长是最佳的健康生长模式。每3个月一次定期测量身长（身高）、体重、头围等，评估7～24月龄婴幼儿的体格生长指标有助于判断其营养状况，并可根据体格生长指标的变化，及时调整后续的营养和喂养。对于生长不良、肥胖，以及处于急慢性疾病期间的婴幼儿应增加监测次数，关注其体格生长指标测量与评估，促进其健康生长。

【关键推荐】

1. 体重、身长、头围是反映婴幼儿营养状况的直观指标。
2. 每3个月一次，定期测量身长、体重、头围等体格生长指标。
3. 平稳生长是最佳的生长模式。
4. 示范、引导婴幼儿爬行、自由活动。

【重点解读】

1. 认识生长曲线图

生长曲线图是评价婴幼儿体格生长最简便易行的评价工具。生长曲线图是将表格测量数值按统计的相关方法或百分位数法的等级绘成不同年龄、不同体格指标（比如身长、体重、头围）测量数值的曲线图，与表格相比，曲线图更为直观，不仅可以看出生长水平，也能看出生长速度，更能方便家长使用。

生长水平是指儿童健康检查的某一项体格生长指标（如身长、体重、头围等）测量值与生长标准或参照值（目前通常推荐我国卫生行业标准《5岁以下儿童生长状况判定》（WS 423—2013）和世界卫生组织2006年生长标准数值，见附录）比较，得到该儿童在同年龄、同性别人群中相应体格生长指标所处的位置，即为该儿童的生长水平。从婴儿开始，通过定期、连续的健康检查，就会得到各个体格生长指标的增长值，将此数据点连接成线，就成为能反映儿童个体化生长速度的生长曲线，一目了然，如图1所示。

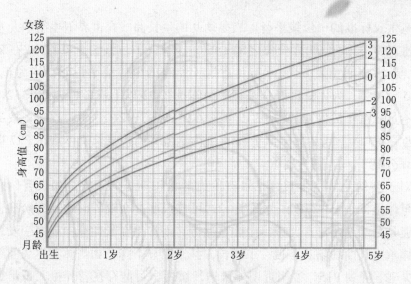

图1　0～5岁身高生长曲线图

2. 学会评价婴幼儿的生长曲线

2岁以下婴幼儿的生长与遗传、种族、地域等因素无关，出生正常的足月婴幼儿生长主要受营养的影响。因此，通过追踪婴幼儿体格生长指标，如按年龄别体重、按年龄别身长、按身长别体重等，可以比较客观地反映婴幼儿的营养状况。

从婴儿出生起，就将其每次健康体检时所测得的身长、体重、头围等数据，区分性别按月龄标点在相应的世界卫生组织儿童生长曲线图上，如按年龄别身长、按年龄别体重、按年龄别头围，并将各个数据点连接成线，就是每个婴幼儿个体化的生长曲线，我们称之为纵向观察，即对婴儿出生以来体格生长指标从开始到现在，直至以后儿童健康检查结果的比较。相比单次测量的体格生长指标，纵向观察可以更直观地反映婴幼儿整体的生长状况，并同时可以反映营养和喂养情况。

大多数婴儿在满6个月后，其生长曲线会处于相对平稳的水平，与世界卫生组

织儿童生长标准的中位线平行。当婴幼儿的生长曲线在世界卫生组织儿童生长标准的第 3 和第 97 百分位之间（P3 ～ P97，中位线为 P50），或在 Z 评分 -2 至 +2 之间（表 2），并与儿童生长曲线的中位线平行时，均为正常；在 P15 ～ P85，为生长良好；按年龄别体重在 P3 以下或 Z 评分低于 -2，为体重不足；按年龄别身长在 P3 以下或 Z 评分低于 -2，为生长迟缓；按身长别体重在 P3 以下或 Z 评分低于 -2，则为消瘦，而按身长别体重在 P97 以上或 Z 评分高于 +2，则为超重。

对于婴幼儿体格生长评估最有价值的是长期纵向观察。如果婴幼儿单次测量体重低于 P3 或 Z 评分低于 -2，可能说明存在喂养问题或有疾病，但也可能是婴幼儿是早产儿或出生体重低等。而如果在长期纵向观察中发现婴幼儿体重生长曲线增长不良、不增长，甚至明显下降，如当体重生长曲线从 P50 快速下降到 P15，说明近期体重增长缓慢，可能存在营养摄入不足或存在疾病因素；而当发现婴幼儿体重生长曲线持续上升时，特别是当体重生长曲线从 P50 飙升到 P85，说明体重增长过快，同样需要寻找原因，减少过度喂养等不良喂养行为。

一般来说，婴幼儿体重变化较快，可以反映近期的营养状况。身长的变化相对于体重的变化而言显得相对慢一些，当体重长期增长不良时就会影响到身长的增长，身长反映婴幼儿长期的营养状况。而按身长别体重、按年龄别体质指数（BMI）则能较好地反映婴幼儿是否肥胖的情况。

婴幼儿期是大运动和精细运动发育的重要时期，逐步增加婴幼儿活动强度，可以促进婴幼儿的运动和心理认知发育、心脏代谢功能、肺活量和骨健康。父母应通过示范和引导，鼓励婴幼儿开展爬行、俯卧位自由活动、走、跳等，鼓励学习自己吃饭，逐步学会生活自理，在保证安全的前提下增加日常活动。

每次儿童健康体检后家长可咨询体检单位（当地妇幼保健机构或乡镇卫生院、街道社区卫生服务中心）保健医生，包括如何使用生长曲线图，并根据评价结果接受开展科学合理喂养的指导，保障婴幼儿健康生长。

在某些场合（如当儿科临床需计算儿童用药量及静脉输液量时），可按表 3 进行粗略估算，但不能作为评价儿童体格生长状况的依据。儿童体重、身长估算公式见表 3。

表3 儿童体重、身长估算公式

生长阶段	体重（kg）	生长阶段	身长（cm）
出生	3.25	出生	50
3～12月龄	[年龄（月）+9]/2	1岁	75
1～6岁	年龄（岁）×2+8	2～6岁	年龄（岁）×7+75

3.特殊情况婴幼儿的生长监测

少数有特殊情况的婴幼儿，如早产儿和低出生体重儿、患有先天性遗传性疾病，以及各种严重急慢性疾病的患儿，其生长曲线均有其各自的特殊性，应由当地妇幼保健机构或乡镇卫生院、街道社区卫生服务中心的保健医生或专科医生予以评价和解释，并指导其加强定期的生长监测。

【知识链接】

1.幼儿的生理特点

幼儿期即为1周岁到满3周岁阶段。幼儿生长发育虽不及婴儿迅速，但亦属于非常旺盛的状态。幼儿期第一副牙齿将全部萌出，但咀嚼效率仍有限；胃的容量也会从婴儿时的200 mL左右增加至300 mL左右，但胃肠道相关消化酶的分泌及胃肠道蠕动能力还远不如成人。

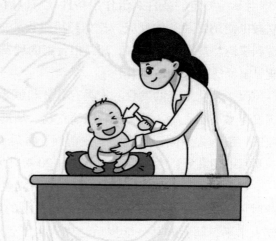

幼儿期大脑和神经系统将进一步发育，能说短的词句，数几个数，模仿性越来越强，能跑会跳，自己会洗手、洗脸，穿、脱简单的衣服；已能知道害羞，并具有初步的抽象思维能力。

（1）体重。1岁时约9kg，大约为出生时的3倍，是出生后体重增长速度最快的阶段，是第一个生长高峰。1岁后增长速度会减慢，全年增加

2.0～2.5 kg，至 2 岁时体重为 11.5～12 kg，约为出生时的 4 倍。2 岁以后的体重增长速度趋于缓慢，直至青春期开始再次加快。

（2）身长。幼儿期身长增长的速度减慢，1 岁时为 75 cm 左右，至 2 岁全年增加 11～12 cm，身长为 85～87 cm，整个幼儿期共增长 20 cm 左右，因此，3 岁时身长约 95 cm，为出生时身长的 2 倍。

（3）头围。头围的增长与脑和颅骨的生长有关，出生时平均为 33～34 cm，1 岁时幼儿的头围可增至 46 cm，而第 2 年头围只增长 2 cm，以后头围增长速度减慢，至 5 岁时平均为 50～51 cm。

（4）神经系统的发育。人类在胎儿期，显示神经系统的发育较其他系统要早，这从新生儿脑重已为成人 1/4 左右、神经细胞数目已与成人接近这两点上可以看出。新生儿出生时脑重约 370 g，2 岁时可达到 950 g 左右，约为成人脑重的 75%，至 3 岁时脑重超过出生时的 3 倍。婴儿出生后的环境刺激可促进脑神经的发育，18 月龄时脑神经基本完成髓鞘化，标志着神经传导功能趋向成熟，神经冲动得以较快，并保证其定向传导。而脊神经则要到 4 岁时才完成髓鞘化。髓鞘化进程对发展粗大运动和精细运动具有重要作用。因此，幼儿在此之前，对各种外来刺激引起的神经冲动传递仍慢，且易于泛化（即对某一特定的条件刺激作出条件反应以后，其他与该条件刺激相类似的刺激也能诱发其条件反应，比如经历过拔牙痛苦体验的幼儿，进入理发室，看到座椅、理发人员的白外套、柜台上的理发工具等，也产生恐惧心理，这就是解释泛化的最好例子）。

（5）消化系统的发育。人类有乳牙和恒牙两副牙齿，与不成熟的消化系统发育水平相适应，其功能是咀嚼食物、辅助发音以及颅面发育。乳牙萌出顺序一般为先下颌、再上颌，先前面、再后面，一般婴儿 6～10 月萌出第一颗下中切乳牙，大多于 2 岁半左右 20 颗乳牙全部萌出。

胃蛋白酶（起分解蛋白质的作用）出生 3 个月后活性增加，至 18 月龄时可以达到成人水平。作为重要消化酶的胰蛋白酶，出生后 1 个月已达成人水平，胰脂酶 2～3 岁后达成人水平，所以 6 月龄的婴儿脂肪的吸收率可达 95% 以上。婴儿胰淀粉酶发育较差，3 月龄后活性会逐渐增高，至 2 岁时才能达到成人水平，所以婴儿前期消化淀粉的能力较差，不宜过早添加淀粉类食物。研究表明，人类的吸吮和吞咽是先天就形成的，是本能反应；但 4～6 月龄是咀嚼功能的敏感期，7～9 月龄是培养咀嚼能力的最佳时机。

2. 幼儿营养

幼儿期指的是 1 岁至 3 岁、介于婴儿与学龄前儿童之间的时期。幼儿期的生长速度较婴儿期减慢，但仍处于快速生长发育的阶段。幼儿的活动量较婴儿明显增加，从蹒跚学步到会跑会跳，对能量和营养素的需求旺盛，需对其的提供予以特别注意和充分保证。幼儿期正处于食物转换过渡到成人饮食的阶段，这时的幼儿各器官、各系统发育仍在不断完善、乳牙发育、咀嚼能力和食物的消化吸收功能尚未健全。而幼儿心理上趋向个性化，自主进食意识强，已开始使用小勺小碗进食，并出现接受和拒绝食物的行为。所以要注意培养其进食技能和进餐规律，保证其充足的膳食营养。

（1）能量。幼儿的能量需要包括基础代谢、食物热能效应、身体活动及其特有的生长所需能量。幼儿期基础代谢的能量需要约占总能量需要量的 60%，每天每千克体重约需 230 kJ（55 kcal）；生长所需能量与生长的速度成正比，1 周岁时每天每千克体重约需要 42 kJ（10 kcal），以后逐渐降低。《中国居民膳食营养素参考摄入量》建议幼儿 1 岁、2 岁、3 岁能量需要量：男孩每天分别为 3767 kJ（900 kcal）、4604 kJ（1100 kcal）、5232 kJ（1250 kcal），女孩每天分别为 3349 kJ（800 kcal）、4186 kJ（1000 kcal）、5023 kJ（1200 kcal）。

常用食物的能量和产能营养素见表 4。

表4 常用食物的能量和产能营养素（每100克可食部）

食物名称	能量（kcal）	蛋白质（g）	脂肪（g）	碳水化合物（g）	食物名称	能量（kcal）	蛋白质（g）	脂肪（g）	碳水化合物（g）
谷类	341	9.3	1.2	73	豆腐干	121	16.2	3.6	6
稻米	338	7.4	0.8	75	蔬菜	23	1.4	0.5	3
小麦粉	344	11.2	1.5	71	芹菜	20	1.2	0.2	3
肉、鱼类	126	19.1	5.2	0.8	油菜	23	1.8	0.5	3
瘦猪肉	143	20.3	6.2	1.5	卷心菜	27	0.5	1.2	4
瘦牛肉	106	20.2	2.3	1.2	水果	44	0.4	0.1	10
瘦羊肉	118	20.2	3.9	0.2	苹果	50	0.2	0.1	12
鲤鱼	109	17.6	4.1	0.5	柑橘	39	0.7	0.1	9
鸡肉	167	19.3	9.4	1.3	牛乳	55	3	3.2	3
蛋类	146	12.7	10	1.4					

注：1.其他豆制品按水分含量折算，如豆腐干50g＝素什锦50g＝北豆腐65g＝南豆腐120g。

2.1 kcal＝4.2 kJ。

3.引自《营养知识读本》。

（2）蛋白质。幼儿正处于生长发育阶段，需要有足量的优质蛋白质提供所需的氨基酸，以保证机体蛋白质的合成、更新。幼儿期若蛋白质供给不足时，会引起消瘦、抵抗力下降、生长迟缓等状况。《中国居民膳食营养素参考摄入量》建议1岁、2岁和3岁幼儿蛋白质每天参考摄入量分别为20 g、25 g、25 g。

（3）脂肪。脂肪作为体内重要的能量来源，《中国居民膳食营养素参考摄入量》建议1岁、2岁、3岁幼儿脂肪适宜摄入量占总能量均为35%，高于4岁以上至成人（包括孕妇乳母）的20%～30%。n-6系列中的亚油酸和n-3系列中的α-亚麻酸是人体必需的两种脂肪酸，植物油中富含亚油酸，一般不会引起缺乏；而α-亚麻酸只存在亚麻籽油、大豆油、低芥酸菜籽油（芥酸含量小于等于5%的菜籽油）和核桃油等少数油品中，大多数植物油中几乎不含或含量极低的α-亚麻酸。α-亚麻酸为人体必需脂肪酸，为n-3系列脂肪酸，

在体内可以转化为二十碳五烯酸和二十二碳六烯酸，n-3系列脂肪酸对人体具有降血脂、改善血液循环、抑制血小板凝集、抑制动脉粥样硬化斑块和血栓形成的作用，对心血管疾病有良好的防治效果，其中，二十二碳六烯酸是婴幼儿视力和大脑发育不可缺少的。因此，建议婴幼儿日常能吃些大豆油（大豆油是大众油品，能够买到）、菜籽油，植物油（现在食用最多的是调和油）也要经常轮换着食用。

（4）碳水化合物。碳水化合物主要供给幼儿能量，帮助机体蛋白质在体内的合成和脂肪的氧化，具有节约蛋白质的作用。幼儿的活动量显著大于婴儿，所以对碳水化合物的需要量也会增多。幼儿已具有消化吸收碳水化合物的能力，《中国居民膳食营养素参考摄入量》建议幼儿碳水化合物摄入量占膳食总能量的50%～65%。1周岁以上的幼儿应与家人一起进餐，鼓励尝试、并过渡到与家人一起进食家庭食物，每天维持谷物类食物50～100g，但不能养成吃甜食的习惯，以预防龋齿的发生。

（5）矿物质。

①钙。新生儿出生时体内钙含量约占体重的0.8%，到成年时增加到体重的1.5%～2%，表明人体在生长过程中需要贮留一定量的钙。《中国居民膳食营养素参考摄入量》建议幼儿钙推荐摄入量为每天600 mg。钙是食物中分布最广的营养素之一，液态奶、奶粉、奶酪等奶制品是膳食钙的主要来源，其他如紫菜、木耳、芝麻酱、豆类及制品（如豆腐干）、坚果类以及小鱼小虾也是钙含量高的食物。幼儿膳食中的钙吸收率为40%左右。

②铁。幼儿膳食中若铁长期供给不足，可引起体内铁缺乏，最后会导致缺铁性贫血的发生，缺铁性贫血是儿童的常见疾病。《中国居民膳食营养素参考摄入量》建议幼儿铁的推荐摄入量为每天9 mg。铁广泛存在于各种食物中，但吸收利用率相差较大。一般来说，动物性食物铁的吸收率都较高，比如动物的肝脏与

血、畜禽肉，以及鱼类等。牛奶、蛋类含铁量很少，且吸收率不高。维生素C有促进铁吸收的作用，因此，在进食含铁丰富的食物时，应同时摄入维生素C含量高的食物，如新鲜蔬菜，以提高铁的吸收率。

③锌。幼儿缺锌会导致生长发育缓慢、味觉减退、不想吃饭，以及免疫功能下降等。《中国居民膳食营养素参考摄入量》建议幼儿锌的推荐摄入量为每天 4 mg。锌的食物来源比较广泛，特别是贝壳类海产品如牡蛎、蛏干、扇贝，以及畜禽肉与内脏等都是富含锌的食物，海蛎肉每 100 g 含锌高达 47 mg，每 100 g 蛏干、鲜扇贝含锌也都在 10 mg 以上。其他如蛋类、豆类、谷类胚芽、燕麦、花生等锌含量也较高，但蔬菜和水果等锌含量则较低。

④碘。幼儿缺碘会影响其生长发育和智力发育，《中国居民膳食营养素参考摄入量》建议幼儿碘的推荐摄入量为每天 90 μg。海产品含碘丰富，如海带、裙带菜、紫菜、淡菜、海鱼、海虾等。100 g 海带（干）含碘高达 36240 μg，100 g 紫菜含碘为 4323 μg。

（6）维生素。

①维生素 A。幼儿若缺乏维生素 A，可出现生长发育迟缓、免疫功能低下、易感染，影响视觉，严重者可出现夜盲症。《中国居民膳食营养素参考摄入量》建议幼儿维生素 A 的推荐摄入量为每天 310 μgRAE。各种动物的肝脏、鱼肝油、鱼卵、牛奶、鸡鸭蛋等富含维生素 A，胡萝卜素含量丰富的深绿、红黄色蔬菜和水果如枸杞子、扁蓄菜（豆瓣菜）、紫苏（鲜）、西蓝花、白薯叶、沙棘、旱橘、胡萝卜等也是获得维生素 A 的重要来源。

需要特别注意的是，幼儿使用鱼肝油制剂补充维生素 A 时应咨询当地妇幼保健机构或乡镇（街道）社区卫生服务中心的保健医生，在其指导下服用。家长切忌盲目给幼儿服用鱼肝油制剂，不是服用越多越好，因为维生素 A 可在肝内蓄积，过量时可出现中毒，表现为头痛、食欲缺乏、呕吐、骨头疼痛、皮肤干燥瘙痒等。

②维生素 D。母乳和牛奶中的维生素 D 含量均较低。《中国居民膳食营养素参考摄入量》建议，幼儿维生素 D 推荐摄入量为每天 10 μg（400 国际单位）。维生素 D 含量高的天然食物并不多，海鱼肝油、动物肝脏、蛋黄、奶油中相对含量较多，如

100 g 鳕鱼肝油含维生素 D212.5 μg，100 g 鸡蛋黄含维生素 D3.95 μg，100 g 炖鸡肝含维生素 D1.675 μg，100 g 烤羊肝和煎牛肝也仅含维生素 D0.5 μg。幼儿应在父母的陪伴下适当地参加户外活动，通过多晒太阳由皮肤合成维生素 D。鱼肝油制剂维生素 D 的含量很高，有长期服用习惯的幼儿应咨询当地妇幼保健机构或乡镇（街道）社区卫生服务中心的保健医生，避免长期大剂量服用引起维生素 D 中毒。

③其他维生素。《中国居民膳食营养素参考摄入量》建议，幼儿维生素 B_1、维生素 B_2 推荐摄入量均为每天 0.6 mg，维生素 C 推荐摄入量为每天 40 mg。维生素 B_1 丰富的食物有坚果类、谷类和豆类食物，动物内脏、畜（瘦）肉、鸡鸭蛋等食物维生素 B_1 的含量也较高；维生素 B_2 含量多的食物有菇类、动物性食物的肝与肾，以及蛋黄、胚芽和豆类；维生素 C 含量高的食物主要为新鲜蔬菜和水果。

3. 婴幼儿生长的生理变化

新生儿：俗话说，"十月怀胎，一朝分娩"，婴儿呱呱坠地，小生命诞生。半小时内应与母亲皮肤接触，依偎在母亲身旁吮吸乳汁，尽显母子亲情。

婴儿出生时，男孩平均出生体重为（3.33±0.39）kg（我国 2005 年 9 市城区调查结果，下同），女孩为（3.24±0.39）kg；出生时平均身长 50cm；头围平均 34 ~ 35 cm。至新生儿末期（满 4 周龄），男孩平均体重、身长、头围分别增长 1.78 kg、6.4 cm、3.5 cm；女孩分别增长 1.49 kg、5.9 cm、3.2 cm；略高于世界卫生组织 2006 年水平，见表 5。

出生 4 周后，婴儿俯卧时会尝试头抬起来。此时已有视觉感应功能，瞳孔有对光反射。出生 1 周听觉已比较良好，味觉发育也较完善。已产生痛觉，但反应不快。而温度觉已很灵敏。

表 5　婴儿体格生长增长情况

月龄		中国 2005 年资料			世界卫生组织 2006 年资料		
		体重（kg）	身长（cm）	头围（cm）	体重（kg）	身长（cm）	头围（cm）
0 ~ 1	男	1.78	6.4	3.5	1.12	4.8	2.8
	女	1.49	5.9	3.2	0.96	4.5	2.7
1 ~ 3	男	2.06	6.5	3.2	1.91	6.71	3.23
	女	1.83	6.4	3	1.66	6.11	2.98

注：引自《实用儿童保健学》。

2个月：已形成母乳喂养比较固定的吃奶时间。婴儿能稍微抬起头来，对物体的移动有初始的转动现象。面部出现表情，比如无意识地笑。对痛觉已有较快的反应。

3个月：1～3月龄，每月体重平均增长约0.97 kg，身长增长约3.25 cm/月，头围增长约2.0 cm，见表6。

抬头已较稳，看见东西伸手想拿（但拿不着）。头可随物品移动而转动并能循声转动。开始吮吸拇指（一般先从左侧拇指开始）。

表6 0～12月龄儿童体格生长情况

月龄	中国 2005 年资料（男童）			世界卫生组织 2006 年资料（男童）		
	体重（kg）	身长（cm）	头围（cm）	体重（kg）	身长（cm）	头围（cm）
出生	3.24	50.4	34.5	3.35	49.88	34.46
3～4	7.17～7.76	63.3～65.7	41.2～42.2	6.38～7.00	61.4～63.9	40.5～41.6
12	9.5～10.5	75～77	45～47	9.64	75.75	46.07

注：引自《实用儿童保健学》。

4个月：3～4月龄婴儿每月体重平均增长约0.59 kg，此时体重约为出生时体重的2倍；身长增长约2.0 cm，较出生时增长12～13 cm；头围较出生时增长6～7 cm，达到41 cm左右（表7）。

婴幼儿抬头已很稳，扶着能坐起来，但坐不稳。对不良反应（如臭味）已有反应。

表7　婴儿体重、身长（高）及头围增长

年龄	中国 2005 年资料			世界卫生组织 2006 年资料		
	体重增长 （kg/ 月）	身长增长 （cm/ 月）	头围增长 （cm/ 月）	体重增长 （kg/ 月）	身长增长 （cm/ 月）	头围增长 （cm/ 月）
0 ～ 3 月龄	1.13	3.9	2.0	1.01	3.6	2.0
3 ～ 6 月龄	0.57	2.1	1.0	0.52	2.4	0.9
6 ～ 9 月龄	0.31	1.4	0.6	0.32	1.5	0.5
9 ～ 12 月龄	0.24	1.3	0.4	0.25	1.2	0.4

注：引自《实用儿童保健学》。

5 个月：扶坐着能抓住玩具，但一会儿就放手；能拿住东西往嘴里送。对食物的轻微味道改变已很敏感。

6 个月：3 ～ 6 月龄每月体重增长约 0.57 kg，身长增长约 2.1 cm，头围增长约 1.0 cm。开始萌出下中切乳牙。

能坐在小孩椅上玩玩具，玩具掉地上了也不会理会。已知道在叫他（她）的名字，有朝向反应。

7 个月：满 6 月龄的婴幼儿首要大事是添加富含铁的泥糊状辅食，7 ～ 9 月龄婴儿每天辅食 2 次，母乳 4 ～ 6 次。

俗话说，"七坐八爬"，7 个月的婴幼儿能自己坐，但会倒向左、右、后侧；开始试着翻身；玩具可以在左右手

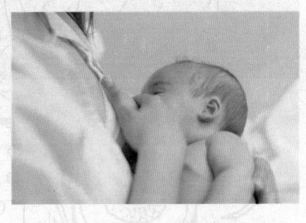

互换，并无意识地用玩具敲打物体表面；眼睛能随着上下移动的物体方向移动；开始对芳香的气味有反应；可以表现出认生的动作，并无意识地发出"爸爸""妈妈"的声音。

8 个月：婴幼儿已基本能坐稳，扶着能站立；能基本做到从仰卧位翻身至俯卧位，然后再吃力地翻回来；已能看到小东西，能确定声音的来源；能在够得到的范围拿玩具，喜欢抓握、玩弄小勺等餐具；会开始拍手。

9 个月：6 ～ 9 月龄，每月体重增长约 0.31 kg，身长增长约 1.4 cm，头

围增长约 0.6 cm。萌出上中切乳牙及上侧切乳牙。

开始爬行，一开始是向后退，过一阶段才会向前爬，但向后退的速度快于向前爬；能反复并拢五指表示"再见"，或伸出手要人抱。

10 个月：10 ～ 12 月龄辅食一天 3 次，母乳一天 4 次。扶着能站立，喜欢不停地抽面巾纸，并无意识地往嘴巴的方向擦，但基本上擦的都是脸。已能用点头表示"好""要"，摇头表示"否""不要"；开始有模仿成人的动作。

11 个月：大人领着会走，可独自站立一会儿（很短的时间）；能捡起较小的东西，手眼协调已比较熟练；已能拿起香蕉往自己嘴里送；当被问及能指出灯、冰箱在哪里。

12 个月（周岁）：9 ～ 12 月每月体重增长约 0.24 kg，身长增长约 1.3 cm，头围增长约 0.4 cm。1 岁时平均体重约 9 kg，约为出生时的 3 倍；身长为 75 cm，为出生时的 1.5 倍；头围为 45 ～ 47 cm，约为出生时的近 1.5 倍（表 8）。

表 8　儿童期体格生长的一般规律

生长指标	婴儿期			幼儿期		学龄前期	学龄期	青春期	
	出生	3 ～ 4 月龄	12 月龄	2 岁	2 ～ 3 岁			男	女
体重（kg）	3.2 ～ 3.3	2 倍出生体重	3 倍出生体重	4 倍出生体重	2 ～ 3 千克 / 年	2.0 千克 / 年	2.0 千克 / 年	4 ～ 5 千克 / 年	
身长（cm）	49 ～ 50	62 ～ 63	75 ～ 76	87 ～ 89	7 ～ 8 厘米 / 年	6 ～ 8 厘米 / 年	5 ～ 7 厘米 / 年	共增长 28cm	共增长 25cm
头围（cm）	33 ～ 34	40 ～ 41	46 ～ 47	48 ～ 49	3 ～ 18 岁：共增长约 5cm				

注：引自《实用儿童保健学》。

能抓住小桌边缘站起来，弯腰拾玩具等东西，试着用小勺进食，并能用奶瓶喝水；能指出自己的鼻、眼、嘴；能伸出手配合穿衣，伸出脚配合穿袜子、穿鞋子；已具有蚊子的概念，知道抬头往墙上找蚊子。

13 个月：13 月龄至 2 周岁，每天辅食 3 次，母乳 3 次。会自己站立，摇摇晃晃的；开始会寻找不同响度的声音来源；能叫出鞋、鱼、虾、蟹等单字物名，已能叫出家人的称谓，包括爸爸、妈妈、爷爷、奶奶、阿公、阿婆、哥哥、姨等，但不会叫叔叔；能学羊的叫声、打呼噜声，模仿得惟妙惟肖；在家长帮助下，愿意尝试抓握小勺，但还抓不稳，以致食物大多洒落；已知道托起奶瓶底部可以喝完瓶里的凉开水。

15个月：萌出上、下第一乳磨牙。能使用多个字，婴幼儿自己会走，拿起笔会乱涂画；已能蹲着玩耍。

18个月：会爬上小梯子、会爬台阶；开始会叠少量几块方积木；会使用小勺自喂，但还有较多食物洒落。

24个月（2周岁）：平均体重12～13 kg，约为出生体重的4倍；身长平均长为87～89 cm；头围为48～49 cm，约达到成人头围的90%。萌出上、下乳单尖牙（2岁半左右萌出上、下第二乳磨牙，20颗乳牙全部出齐）。

开始会跑，会从人行道双脚并跳到马路上（开始时会前倾，家长要注意保护防止跌倒）；已具有直线与横线的概念；手的动作已比较准确，能用小勺自主进食，此时食物已较少洒落，而成熟的幼儿则使用已较灵活；已能积叠多块方积木，并会无意识地翻书；能说2～3个字的简单句子，但有时词不达意，能指图说出物名；明确表达喜欢、生气、惧怕、知道等情绪，说出自己的需要，有一定的自主感，但又不能脱对离家人的依赖。

婴儿生长发育的危险信号，见表9，幼儿生长发育的危险信号，见表10。

表9　婴儿生长发育的危险信号

年龄	体格发育（包括植物性神经系统稳定性、睡眠、气质）	大运动（强度、协调）	精细运动（喂养、自我照顾能力）	听力与语言	神经心理与情感	视觉与认知
新生儿	生后2周生理性体重下降，体重仍未恢复	肢体运动不对称		对声音反应差	易激怒	玩偶样眼
	吸吮、吞咽协调差	肌张力高或低		语言不能使其安静	状态转移差	对红色无反应
	喂养时呼吸急促或心动过缓	原始反射不对称或未能引出		尖声哭叫		警觉状态差
	对外界刺激反应差					
	小阴茎、双侧或一侧睾丸未降落					
	生殖器性别不清					

续表

年龄	体格发育（包括植物性神经系统稳定性、睡眠、气质）	大运动（强度、协调）	精细运动（喂养、自我照顾能力）	听力与语言	神经心理与情感	视觉与认知
3月龄	体重增长不足	肢体运动不对称	无手—口活动	不能转向声源	无逗笑	无视觉追踪
	头围增长 >2SD 或不增	肌张力高或低	进食时间 >45 min	不能发声	偏僻或情绪低落	不能注视人脸或物
	难抚养：持续吸吮—吞咽问题	抬头差	持续每小时觉醒喂养		缺乏安全护理	
	睡眠清醒周期紊乱				缺乏对视	
6月龄	体重增长 <2 倍出生体重	原始反射仍存在	不能抓物、握物	无咿呀发音	不笑或"庄重"样	无视警觉
	头围不增	不能靠坐		对声音无反应	对游戏无反应	不看抚养人
	持续喂养或睡眠问题	拉坐头后仰			缺乏对视	
	难以自我安定					
9月龄	家长控制进食或睡眠	不能坐（双下肢分开）	不能自喂食物	无单、双辅音	对陌生人过分紧张或无反应	缺乏视觉警觉
	持续夜醒	无侧面支持反射	不能拾物	对自己的名字或声音无反应	不能从抚养人寻找安慰	缺乏用手或口接触玩具
	睡眠状态喂养	非对称爬、用手，或其他运动			缺乏对视	
	难以自我安定与自我调节					
12月龄	L、Wt、HC<P3rd 或 >P97th	不能自己坐、不能拉到站	不能自喂食物或喝	不能辨别声源	对游戏无反应	不能用眼跟随动的物体
	体重或身长向上或向下跨 2 条主百分位线	不能自己爬、不能扶走去周围取物	不能一只手拿玩具或换手	不能模仿语音	对读书或相互的活动无反应	
	睡眠—清醒周期紊乱			不能用肢体语言	孤僻或"庄重"样	
	难以与家长分离				缺乏对视	

注：引自《实用儿童保健学》。

表 10 幼儿生长发育的危险信号

年龄	体格发育（包括节律性、睡眠、气质）	神经心理与情感（强度、协调）	视觉与认知	大运动、语言与听力	精细运动（喂养，自我照顾能力）	体能与协调
15月龄	转换状态困难	有依恋问题	缺乏客体永存表现	缺乏辅音	不能自喂	不能走
	家长关注儿童气质或控制能力			不会模仿说单词		
	L/age、L/Wt<P 3rd 或 >P 97th;			无肢体语言		
	体重或身高向上或向下跨2条主百分位线					
18月龄	睡眠无规律	不会向别人展示东西	咬玩具	不能完成简单指令（如"不""跳"）	不能乱画	走时常摔跤
	控制与行为问题		不用手指探索物体		不会自己用勺	
	L/age、L/Wt<P 3rd 或 >P 97th;		缺乏模仿行为			
	体重或身高向上或向下跨2条主百分位线					
2周岁	体重增长<4倍出生体重	不会玩象征性游戏		不会2个词的短语	不能搭4～5块积木	下楼需扶
	L/age、L/Wt<P 3rd 或 >P 97th;	不能玩平行游戏		非交流语言（模仿言语、生硬短语）	仍食糊状食物	步态蹒跚
	体重或身高向上或向下跨2条主百分位线	表现破坏性的行为		不能指出5张图片	不能模仿乱画	持续足尖走
	睡眠无规律	总是紧依着母亲		不能说出身体部位	不能扔小丸进瓶	
	夜醒频繁，不能自己再入睡			10次以上中耳炎		
2.5岁	拒绝按时就寝	咬、打同伴或家长	不会用棍子扒玩具	不会2个词的短语	不能自己进食	不会跳
	开始出现行为问题			只能说出身体部分部位	不能搭6块积木	不能踢球
	L/age、L/Wt<P 3rd 或 >P 97th;				不能模仿画圆圈	
	体重或身高向上或向下跨2条主百分位线				不能模仿画直线	

年龄	体格发育（包括节律性、睡眠、气质）	神经心理与情感（强度、协调）	视觉与认知	大运动、语言与听力	精细运动（喂养，自我照顾能力）	体能与协调
3岁	如厕训练问题	不能自己穿衣服		不会说自己的名字	不能搭10块积木	不能单足站1s
	不能安定自己	不理解按顺序		不能配2种颜色	拳握笔	跑时足尖向内常摔跤
	H/age、H/Wt<P 3rd 或 >P 97th	不会玩扮演游戏		不会用复数	不能画圆圈	
	体重或身高向上或向下跨2条主百分位线			不懂2～3个介词		
	BMI/age>P85th			不会讲故事		
	身高增长 <5 cm/y			辅音不清楚		

注：引自《实用儿童保健学》。其中 H/age 为身高 / 年龄，H/Wt 为身高 / 体重。

4. 关注健康中国行动

2019 年 6 月 25 日，国务院印发了《关于实施健康中国行动的意见》（国发〔2019〕13 号，以下简称《意见》），明确了 2019—2030 年实施健康中国行动的三大主要任务，即全方位干预健康影响因素、维护全生命周期健康和防控重大疾病，并提出要实施 15 个专项行动，包括实施合理膳食行动和实施妇幼健康促进行动。

依据《意见》，成立了健康中国行动推进委员会，并发布《健康中国行动（2019—2030 年）》，细化落实 15 个专项行动，提出了每项行动的目标、指标和具体任务及职责分工，从政府、社会、个人（家庭）3 个层面协同推进（具体以链接的形式附在专项行动后面）。

（1）实施合理膳食行动。合理膳食是健康的基础。针对一般人群、特定人群和家庭，聚焦食堂、餐厅等场所，加强营养和膳食指导。鼓励全社会参与减盐、减油、减糖，研究完善盐、油、糖包装标准。修订预包装食品营养标签通则，推进食品营养标准体系建设。实施贫困地区重点人群营养干预。到 2022 年和 2030 年，成人肥胖增长率持续减缓，5 岁以下儿童生长迟缓率分别低于 7% 和 5%。

链接（健康中国行动推进委员会细化落实专项行动的内容，下同）：

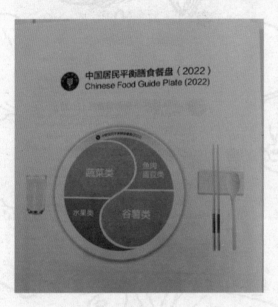

合理膳食是保证健康的基础。近年来，我国居民营养健康状况明显改善，但仍面临营养不足与过剩并存、营养相关疾病多发等问题。2012 年调查显示，我国居民人均每日食盐摄入量为 10.5 g（世界卫生组织推荐值为 5 g）；居民家庭人均每日食用油摄入量 42.1 g（《中国居民膳食指南》（以下简称《膳食指南》）推荐标准为每天 25 ～ 30 g）；居民膳食脂肪提供能量比例达到 32.9%（《膳食指南》推荐值上限为 30.0%）。目前我国人均每日添加糖（主要为蔗糖即"白糖""红糖"等）摄入量约 30 g，其中儿童青少年摄入量问题值得高度关注。2014 年调查显示，3 ～ 17 岁常喝饮料的儿童青少年，仅从饮料中摄入的添加糖提供的能量就超过总能量的 5%，城市儿童远远高于农村儿童，且呈上升趋势（世界卫生组织推荐人均每日添加糖摄入低于总能量的 10%，并鼓励控制到 5% 以下或不超过 25 g）。与此同时，2010—2012 年，我国成人营养不良率为 6%；2013 年，5 岁以下儿童生长迟缓率为 8.1%，孕妇、儿童、老年人群贫血率仍较高，钙、铁、维生素 A、维生素 D 等微量营养素缺乏依然存在，膳食纤维摄入明显不足。

高盐、高糖、高脂等不健康饮食是引起肥胖、心脑血管疾病、糖尿病及其他代谢性疾病和肿瘤的危险因素。2016 年全球疾病负担研究结果显示，饮食因素导致的疾病负担占到 15.9%，已成为影响人群健康的重要危险因素。2012 年全国 18 岁及以上成人超重率为 30.1%，肥胖率为 11.9%，与 2002 年相比分别增长了 32.0% 和 67.6%；6 ～ 17 岁儿童青少年超重率为 9.6%，肥胖率为 6.4%，与 2002 年相比分别增加了 1 倍和 2 倍。合理膳食以及减少每日食用油、盐、糖摄入量，有助于降低肥胖、糖尿病、高血压、脑卒中、冠心病等疾病的患病风险。

行动目标：

到 2022 年和 2030 年，成人肥胖增长率持续减缓；居民营养健康知识知晓率分别在 2019 年基础上提高 10% 和在 2022 年基础上提高 10%；5 岁以下儿童生长迟缓率分别低于 7% 和 5%、贫血率分别低于 12% 和 10%，孕妇贫血率分别低于 14% 和 10%；合格碘盐覆盖率达到 90% 及以上；成人脂肪供能比下降到 32% 和 30%；每 1 万人配备 1 名营养指导员；实施农村义务教育学生营养改善计划和贫困地区儿童营养改善项目；实施以食品安全为基础的营养健康标准，推进营养标准体系建设。

提倡人均每日食盐摄入量不高于 5 g，成人人均每日食用油摄入量不高于 25 ～ 30 g，人均每日添加糖摄入量不高于 25 g，蔬菜和水果每日摄入量不低于 500 g，每日摄入食物种类不少于 12 种，每周不少于 25 种；成年人维持健康体重，将体重指数（BMI）控制在 18.5 ～ 24 kg/m² ；成人男性腰围小于 85 cm，女性小于 80 cm。

——个人和家庭：

①对于一般人群。学习中国居民膳食科学知识，使用中国居民平衡膳食宝塔、平衡膳食餐盘等支持性工具，根据个人特点合理搭配食物。每天的膳食包括谷薯类、蔬菜水果类、畜禽鱼蛋奶类、大豆坚果类等食物，平均每天摄入 12 种以上食物，每周 25 种以上。不能生吃的食材要做熟后食用；生吃蔬菜水果等食品要洗净。生、熟食品要分开存放和加工。日常用餐时宜细嚼慢咽，保持心情平和，食不过量，但也要注意避免因过度节食影响必要营养素摄入。少吃肥肉、烟熏和腌制肉制品，少吃高盐和油炸食品，控制添加糖

的摄入量。足量饮水，成年人一般每天 7 ～ 8 杯（1500 ～ 1700 mL），提倡饮用白开水或茶水，少喝含糖饮料；儿童少年、孕妇、乳母不应饮酒。

②对于超重（24 kg/m² ≤ BMI<28 kg/m²）、肥胖（BMI ≥ 28 kg/m²）的成年人群。减少能量摄入，增加新鲜蔬菜和水果在膳食中的比重，适当选择一些富含优质蛋白质（如瘦肉、鱼、蛋白和豆类）的食物。避免吃油腻食物和油炸食品，少吃零食和甜食，不喝或少喝含糖饮料。进食有规律，不要漏餐，不暴饮暴食，七八分饱即可。

③对于贫血、消瘦等营养不良人群。建议要在合理膳食的基础上，适当增加瘦肉类、奶蛋类和豆制品的摄入，保持膳食的多样性，满足身体对蛋白质、钙、铁、维生素 A、维生素 D、维生素 B$_{12}$、叶酸等营养素的需求；增加含铁食物的摄入或者在医生指导下补充铁剂来治疗贫血。

④对于孕产妇和家有婴幼儿的人群。建议学习了解孕期妇女膳食、哺乳期妇女膳食和婴幼儿喂养等相关知识，特别关注生命早期 1000 天（从怀孕开始到婴儿出生后的 2 周岁）的营养。孕妇常吃含铁丰富的食物，增加富含优质蛋白质及维生素 A 的动物性食物和海产品，选用碘盐，确保怀孕期间铁、碘、叶酸等的足量摄入。尽量纯母乳喂养 6 个月，为 7 ～ 24 个月的婴幼儿合理添加辅食。

⑤对于家庭。提倡按需购买食物，合理储存；选择新鲜、卫生、当季的食物，采取适宜的烹调方式；按需备餐，小分量食物；学会选购食品看标签；在外点餐根据人数确定数量，集体用餐时采取分餐、简餐、份饭；倡导在家吃饭，与家人一起分享食物和享受亲情，传承和发扬我国优良饮食文化。

——社会：

①推动营养健康科普宣教活动常态化，鼓励全社会共同参与全民营养周、"三减三健"（减盐、减油、减糖，健康口腔、健康体重、健康骨骼）等宣教活动。推广使用健康"小三件"（限量盐勺、限量油壶和健康腰围尺），提高家庭普及率，鼓励专业行业组织指导家庭正确使用。

尽快研究制定我国儿童添加蔗糖摄入的限量指导，倡导天然甜味物质代替甜味剂。

②加强对食品企业的营养标签知识指导，指导消费者正确认读营养标签，提高居民营养标签知晓率。鼓励消费者减少蔗糖摄入量。倡导食品生产经营者遵守食品安全标准，允许使用天然甜味物质取代蔗糖。科学减少加工食品中的蔗糖含量。提倡城市高糖摄入人群减少食用含蔗糖饮料和甜食，选择天然甜味物质和甜味剂替代含蔗糖的饮料和食品。

③鼓励生产、销售低钠盐，并在专家指导下推广使用。做好低钠盐慎用人群（高温作业者、重体力劳动强度工作者、肾功能障碍者及服用降压药物的高血压患者等）提示预警。引导企业在食盐、食用油生产销售中配套用量控制措施（如在盐袋中赠送 2 g 量勺、生产限量油壶和带刻度油壶等），鼓励有条件的地方先行试点。鼓励商店（超市）开设低脂、低盐、低糖食品专柜。

④鼓励食堂和餐厅配备专兼职营养师，定期对管理和从业人员开展营养、平衡膳食和食品安全相关的技能培训、考核；提前在显著位置公布食谱，标注分量和营养素含量并简要描述营养成分；鼓励为不同营养状况的人群推荐相应食谱。

⑤制定并实施集体供餐单位营养操作规范，开展示范健康食堂和健康餐厅创建活动。鼓励餐饮业、集体食堂向消费者提供营养标识。鼓励发布适合不同年龄、不同地域人群的平衡膳食指南和食谱。鼓励发展传统食养（食疗养生）服务，推进传统食养产品的研发以及产业升级换代。

——政府：

①全面推动实施《国民营养计划（2017—2030 年）》，因地制宜开展营养和膳食指导。实施贫困地区重点人群营养干预，将营养干预纳入健康扶贫工作。继续推进实施农村义务教育学生营养改善计划和贫困地区儿童营养改善项目。

②推动营养立法和政策研究。研究制定实施营养师制度，在幼儿园、学校、养老机构、医院等集体供餐单位配备营养师，在社区配备营养指导员。强化临床营养工作，不断规范营养筛查、评估和治疗。

③完善食品安全标准体系，制定以食品安全为基础的营养健康标准，推进食品营养标准体系建设。发展营养导向型农业和食品加工业。政府要加快研究制定标准限制高糖食品的生产销售。加大宣传力度，推动低糖或无糖食

品的生产与消费。实施食品安全检验检测能力达标工程，加强食品安全抽检和风险监测工作。

④加快修订预包装食品营养标签通则，增加蔗糖等糖的强制标识，鼓励企业进行"低糖"或者"无糖"食品的生产，积极推动在食品包装上标示"包装正面标识（FOP）"信息，帮助消费者快速选择健康食品，加强对预包装食品营养标签的监督管理。研究推进制定特殊人群集体用餐营养操作规范，探索试点在餐饮食品中增加"糖"的标识。研究完善油、盐、糖包装标准，在外包装上标示建议每人

每日食用合理量的油、盐、糖等相关信息。

（2）实施妇幼健康促进行动。孕产期和婴幼儿时期是生命的起点。针对婚前、孕前、孕期等阶段特点，积极引导家庭科学孕育和养育健康新生命，健全出生缺陷防治体系。加强儿童早期发展服务，完善婴幼儿照护服务和残疾儿童康复救助制度。促进生殖健康，推进农村妇女宫颈癌和乳腺癌检查。到 2022 年和 2030 年，婴儿死亡率分别控制在 7.5‰～ 5‰ 及以下，孕产妇死亡率分别下降到 18/10 万～ 12/10 万及以下。

链接：

妇幼健康是全民健康的基础。新时期妇幼健康面临新的挑战。出生缺陷不仅严重影响儿童的生命健康和生活质量，而且影响人口健康素质。随着生育政策调整完善，生育需求逐步释放，高危孕产妇比例有所增加，保障母婴安全压力增大。生育全程服务覆盖不广泛，宫颈癌和乳腺癌高发态势仍未扭转，儿童早期发展亟须加强，妇女儿童健康状况在城乡之间、区域之间还存在差异，妇幼健康服务供给能力有待提高。实施妇幼健康促进行动，是保护妇女儿童健康权益，促进妇女儿童全面发展、维护生殖健康的重要举措，有助于从源头和基础上提高国民健康水平。

行动目标：

到 2022 年和 2030 年，婴儿死亡率分别控制在 7.5‰ 和 5‰ 及以下；5

岁以下儿童死亡率分别控制在 9.5‰ 及以下和 6‰ 及以下；孕产妇死亡率分别下降到 18/10 万及以下和 12/10 万及以下；产前筛查率分别达到 70% 及以上和 80% 及以上；新生儿遗传代谢性疾病筛查率达到 98% 及以上；新生儿听力筛查率达到 90% 及以上；先天性心脏病、唐氏综合征、耳聋、神经管缺陷、地中海贫血等严重出生缺陷得到有效控制；7 岁以下儿童健康管理率达到 85% 以上和 90% 及以上；农村适龄妇女宫颈癌和乳腺癌（以下简称"两癌"）筛查覆盖率分别达到 80% 以上和 90% 及以上。

提倡适龄人群主动学习掌握出生缺陷防治和儿童早期发展知识；主动接受婚前医学检查和孕前优生健康检查；倡导 0 ~ 6 个月婴儿纯母乳喂养，为 6 个月以上婴儿适时合理添加辅食。

——个人和家庭：

①积极准备，孕育健康新生命。主动了解妇幼保健和出生缺陷防治知识，充分认识怀孕和分娩是人类繁衍的正常生理过程，建议做到有计划、有准备。积极参加婚前、孕前健康检查，选择最佳的生育年龄，孕前 3 个月至孕后 3 个月补充叶酸。预防感染、戒烟戒酒、避免接触有毒有害物质和放射线。

②定期产检，保障母婴安全。发现怀孕要尽早到医疗保健机构建档建册，进行妊娠风险筛查与评估，按照不同风险管理要求主动按时接受孕产期保健服务，掌握孕产期自我保健知识和技能。孕期至少接受 5 次产前检查（孕早期 1 次，孕中期 2 次，孕晚期 2 次），有异常情况者建议遵医嘱适当增加检查次数，首次产前检查建议做艾滋病、梅毒和

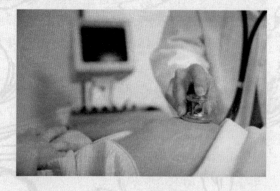

乙肝检查，定期接受产前筛查。35 岁以上的孕妇属于高龄孕妇，高龄高危孕妇建议及时到有资质的医疗机构接受产前诊断服务。怀孕期间，如果出现不适情况，建议立即去医疗保健机构就诊。孕妇宜及时住院分娩，提倡自然分娩，减少非医学需要的剖宫产。孕妇宜保证合理膳食，均衡营养，维持合理体重。保持积极心态，放松心情有助于预防孕期和产后抑郁。产后 3 ~ 7 天和 42 天主动接受社区医生访视，并结合自身情况，选择合适的避孕措施。

③科学养育，促进儿童健康成长。强化儿童家长为儿童健康第一责任人的理念，提高儿童家长健康素养。母乳是婴儿理想的天然食物，孩子出生后应尽早开始母乳喂养，尽量纯母乳喂养6个月，6个月后逐渐给婴儿补充富含铁的泥糊状食物，1岁以下婴儿不宜食用鲜奶。了解儿童发展特点，理性看待孩子间的差异，尊重每个孩子自身的发展规律和特点，理解并尊重孩子的情绪和需求，为儿童提供安全、有益、有趣的成长环境。避免儿童因压力过大、缺乏运动、缺乏社交等因素影响大脑发育，妨碍心理成长。发现儿童心理行为问题，不要过于紧张或过分忽视，建议及时向专业人员咨询、求助。避免儿童发生摔伤、烧烫伤、窒息、中毒、触电、溺水、动物抓咬等意外伤害。

④加强保健，预防儿童疾病。做好儿童健康管理，按照免疫规划程序进行预防接种。接受苯丙酮尿症、先天性甲状腺功能减退症和听力障碍等新生儿疾病筛查和视力、听力、智力、肢体残疾及孤独症筛查等0～6岁儿童残疾筛查，筛查为阳性者需主动接受随访、确诊、治疗。3岁以下儿童应到乡镇卫生院或社区卫生服务中心接受8次健康检查，3～6岁儿童每年应接受1次健康检查。

⑤关爱女性，促进生殖健康。建议女性提高生殖健康意识，主动获取青春期、生育期、更年期和老年期保健相关知识，注意经期卫生，熟悉生殖道感染、乳腺疾病和宫颈癌等妇女常见疾病的症状和预防知识。建议家属加强对特殊时期妇女的心理关怀。掌握避孕方法知情选择，知晓各种避孕方法，了解自己使用的避孕方法的注意事项。认识到促进生殖健康对个人、家庭和社会的影响，增强性道德、性健康、性安全意识，拒绝不安全性行为，避免意外妊娠、过早生育以及性相关疾病传播。

——社会和政府：

①完善妇幼健康服务体系，实施妇幼健康和计划生育服务保障工程，以中西部和贫困地区为重点，加强妇幼保健机构基础设施建设，确保省、市、县三级均有1所标准化妇幼保健机构。加强儿科、产科、助产等急需紧缺人才培养，增强岗位吸引力。

②加强婚前、孕前、孕产期、新生儿期和儿童期保健工作，推广使用《母子健康手册》，为妇女儿童提供系统、规范的服务。健全出生缺陷防治体系，提高出生缺陷综合防治服务可及性。

③大力普及妇幼健康科学知识，推广婚姻登记、婚前医学检查和生育指

导"一站式"服务模式。做好人工流产后避孕服务，规范产后避孕服务，提高免费避孕药具发放服务可及性。加强女职工劳动保护，避免准备怀孕和孕期、哺乳期妇女接触有毒有害物质和放射线。推动建设孕妇休息室、母婴室等设施。

④为拟生育家庭提供科学备孕及生育力评估指导、孕前优生服务，为生育困难的夫妇提供不孕不育诊治，指导科学备孕。落实国家免费孕前优生健康检查，推动城乡居民全覆盖。广泛开展产前筛查，普及产前筛查适宜技术，规范应用高通量基因测序等技术，逐步实现怀孕妇女孕期前28周内在自愿情况下至少接受1次产前筛查。在高发省份深入开展地中海贫血防控项目，逐步扩大覆盖范围。对确诊的先天性心脏病、唐氏综合征、神经管缺陷、地中海贫血等严重出生缺陷病例，及时给予医学指导和建议。

⑤落实妊娠风险筛查评估、高危专案管理、危急重症救治、孕产妇死亡个案报告和约谈通报5项制度，加强危重孕产妇和新生儿救治保障能力建设，健全救治会诊、转诊等机制。孕产妇和新生儿按规定参加基本医疗保险、大病保险，并按规定享受相关待遇，符合条件的可享受医疗救助补助政策。对早产儿进行专案管理，在贫困地区开展保障新生儿安全等项目。

⑥全面开展新生儿疾病筛查，加强筛查阳性病例的随访、确诊、治疗，提高确诊病例治疗率，逐步扩大新生儿疾病筛查病种范围。继续开展先天性结构畸形和遗传代谢病救助项目，聚焦严重多发、可筛可治、技术成熟、预后良好、费用可控的出生缺陷重点病种，开展筛查、诊断、治疗和贫困救助全程服务试点。建立新生儿及儿童致残性疾病和出生缺陷筛查、诊断、干预一体化工作机制。

⑦做实0～6岁儿童健康管理，规范开展新生儿访视活动，指导家长做好新生儿喂养、护理和疾病预防。实施婴幼儿健康喂养策略，创新爱婴医院管理，将贫困地区儿童营养改善项目覆盖到所有贫困县。引导儿童科学均衡饮食，加强体育锻炼，实现儿童肥胖综合预防和干预。加强托幼机构卫生保健业务指导和监督工作。

⑧加强儿童早期发展服务，结合实施基本公共卫生服务项目，推动儿童早期发展均等化，促进儿童早期发展服务进农村、进社区、进家庭，探索适宜农村儿童早期发展的服务内容和模式。提高婴幼儿照护的可及性。完善残疾儿童康复救助制度。加强残疾人专业康复机构、康复医疗机构和基层医疗康复设施、人才队伍建设，健全衔接协作机制，不断提高康复保障水平。

⑨以贫困地区为重点，逐步扩大农村妇女"两癌"筛查项目覆盖面，继

续实施预防艾滋病、梅毒和乙肝母婴传播项目，尽快实现消除艾滋病母婴传播的目标。以肺炎、腹泻、贫血、哮喘、龋齿、视力不良、心理行为问题等为重点，推广儿童疾病综合管理适宜技术。

⑩在提供妇幼保健服务的医疗机构积极推广应用中医药适宜技术和方法，开展中医药合理使用培训活动。扩大中医药在孕育调养、产后康复等方面的应用。充分发挥中医药在儿童医疗保健服务中的作用。加强妇女儿童疾病诊疗中西医临床协作，提高疑难疾病、急危重症诊疗水平。

5. 了解儿童保健的相关技术规范

为规范儿童保健服务，提高儿童保健工作质量，原卫生部办公厅印发了《新生儿访视技术规范》《儿童健康检查服务技术规范》《儿童喂养与营养指导技术规范》《儿童营养性疾病管理技术规范》《儿童眼、口腔、听力、心理保健技术规范》等8个儿童保健技术规范，广大家长应该了解规范的工作内容和技术措施，学习和掌握相关预防知识，积极主动地配合当地妇幼保健机构和乡镇（街道）社区卫生服务中心开展儿童保健工作，认真开展自我保健和家庭预防工作，共同为儿童身体健康而不懈努力。

新生儿访视技术规范

一、目的

定期对新生儿进行健康检查，宣传科学育儿知识，指导家长做好新生儿喂养、护理和疾病预防，并尽早发现异常和疾病，及时处理和转诊。降低新生儿患病率和死亡率，促进新生儿健康成长。

二、服务对象

辖区内居住的新生儿。

三、内容与方法

（一）访视次数

1. 正常足月新生儿

访视次数不少于2次。

（1）首次访视：在出院后7日之内进行。如发现问题应酌情增加访视次数，必要时转诊。

（2）满月访视：在出生后28～30日进行。新生儿满28天后，结合接种乙肝疫苗第二针，在乡镇卫生院、社区卫生服务中心进行随访。

2. 高危新生儿

根据具体情况酌情增加访视次数，首次访视应在得到高危新生儿出院（或家庭分娩）报告后 3 日内进行。符合下列高危因素之一的新生儿为高危新生儿。

（1）早产儿（胎龄＜37 周）或低出生体重儿（出生体重＜2500 g）。

（2）宫内、产时或产后窒息儿，缺氧缺血性脑病及颅内出血者。

（3）高胆红素血症。

（4）新生儿肺炎、败血症等严重感染。

（5）新生儿患有各种影响生活能力的出生缺陷（如唇裂、腭裂、先天性心脏病等）以及遗传代谢性疾病。

（6）母亲有异常妊娠及分娩史、高龄分娩（≥35 岁）、患有残疾（视、听、智力、肢体、精神）并影响养育能力者等。

（二）访视内容

1. 问诊

（1）孕期及出生情况：母亲妊娠期患病及药物使用情况，孕周、分娩方式，是否双（多）胎，有无窒息、产伤和畸形，出生体重、身长，是否已做新生儿听力筛查和新生儿遗传代谢性疾病筛查等。

（2）一般情况：睡眠、有无呕吐、惊厥，大小便次数、性状及预防接种情况。

（3）喂养情况：喂养方式、吃奶次数、奶量及其他存在问题。

2. 测量

（1）体重。

①测量前准备：每次测量体重前需校正体重计零点。新生儿需排空大小便，脱去外衣、袜子、尿布，仅穿单衣裤，冬季注意保持室内温暖。

②测量方法：称重时新生儿取仰卧位，新生儿不能接触其他物体。使用杠杆式体重计称重时，放置的砝码应接近新生儿体重，并迅速调整游锤，使杠杆呈正中水平，将砝码及游锤所示读数相加；使用电子体重计称重时，待数据稳定后读数。记录时需除去衣服重量。体重记录以千克（kg）为单位，至小数点后2位。

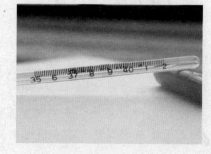

（2）体温。

①测量前准备：在测量体温之前，体

温表水银柱在35摄氏度（℃）以下。

②测量方法：用腋表测量，保持5 min后读数。

3. 体格检查

（1）一般状况：精神状态，面色，吸吮，哭声。

（2）皮肤黏膜：有无黄染、发绀或苍白（口唇、指趾甲床）、皮疹、出血点、糜烂、脓疱、硬肿、水肿。

（3）头颈部：前囟大小及张力，颅缝，有无血肿，头颈部有无包块。

（4）眼：外观有无异常，结膜有无充血和分泌物，巩膜有无黄染，检查光刺激反应。

（5）耳：外观有无畸形，外耳道是否有异常分泌物，外耳郭是否有湿疹。

（6）鼻：外观有无畸形，呼吸是否通畅，有无鼻翼扇动。

（7）口腔：有无唇腭裂，口腔黏膜有无异常。

（8）胸部：外观有无畸形，有无呼吸困难和胸凹陷，计数1 min呼吸次数和心率；心脏听诊有无杂音，肺部呼吸音是否对称、有无异常。

（9）腹部：腹部有无膨隆、包块，肝脾有无肿大。重点观察脐带是否脱落，脐部有无红肿、渗出。

（10）外生殖器及肛门：有无畸形，检查男孩睾丸位置、大小，有无阴囊水肿、包块。

（11）脊柱四肢：有无畸形，臀部、腹股沟和双下肢皮纹是否对称，双下肢是否等长等粗。

（12）神经系统：四肢活动度、对称性、肌张力和原始反射。

4. 指导

（1）居住环境：新生儿卧室应安静清洁，空气流通，阳光充足。室内温度在22～26℃为宜，湿度适宜。

（2）母乳喂养：观察和评估母乳喂养的体位、新生儿含接姿势和吸吮情况等，鼓励纯母乳喂养。对吸吮力弱的早产儿，可将母亲的乳汁挤在杯中，用滴管喂养；喂养前母亲可洗手后将手指放入新生儿口中，刺激和促进吸吮反射的建立，以便新生儿主动吸吮乳头。

（3）护理：衣着宽松，质地柔软，保持皮肤清洁。脐带未脱落前，每天用聚维酮碘擦拭脐部一次，保持脐部干燥清洁。若有头部血肿、口炎或鹅口疮、皮肤皱褶处潮红或糜烂，给予针对性指导。对生理性黄疸、生理性体重下降、乳房肿胀、假月经等现象无需特殊处理。早产儿应注意保暖，在换尿布时注意先将尿布加温，必要时可放入成人怀中，直接贴紧成人皮肤保暖。

（4）疾病预防：注意并保持家庭卫生，接触新生儿前要洗手，减少探视，家人患有呼吸道感染时要戴口罩，以避免交叉感染。生后数天开始补充维生素D，足月儿每日口服 10 μg，早产儿每日口服 20 μg。对未接种卡介苗和第 1 剂乙肝疫苗的新生儿，提醒家长尽快补种。未接受新生儿疾病筛查的新生儿，告知家长到具备筛查条件的医疗保健机构补筛。有吸氧治疗史的早产儿，在生后 4 ～ 6 周或矫正胎龄 32 周转诊到开展早产儿视网膜病变（ROP）筛查的指定医院进行眼底病变筛查。

（5）伤害预防：注意喂养姿势、喂养后的体位，预防乳汁吸入和窒息。保暖时避免烫伤，预防意外伤害的发生。

（6）促进母婴交流：母亲及家人多与新生儿说话、微笑和皮肤接触，促进新生儿感知觉的发展。

5. 转诊

（1）立即转诊：若新生儿出现下列情况之一，应立即转诊至上级医疗保健机构。

①体温≥ 37.5℃或≤ 35.5℃。

②反应差伴面色发灰、吸吮无力。

③呼吸频率＜ 20 次／分或＞ 60 次／分，呼吸困难（鼻翼扇动、呼气性呻吟、胸凹陷），呼吸暂停伴发绀。

④心率＜ 100 次／分或＞ 160 次／分，有明显的心律不齐。

⑤皮肤严重黄染（手掌或足跖），苍白，发绀和厥冷，有出血点和瘀斑，皮肤硬肿，皮肤脓疱达到 5 个或更严重。

⑥惊厥（反复眨眼、凝视、面部肌肉抽动、四肢痉挛性抽动或强直、角弓反张、牙关紧闭等），囟门张力高。

⑦四肢无自主运动，双下肢／双上肢活动不对称；肌张力消失或无法引出握持反射等原始反射。

⑧眼窝或前囟凹陷、皮肤弹性差、尿少等脱水征象。

⑨眼睑高度肿胀，结膜重度充血，有大量脓性分泌物；耳部有脓性分泌物。

⑩腹胀明显伴呕吐。

⑪脐部脓性分泌物多，有肉芽或黏膜样物，脐轮周围皮肤发红和肿胀。

（2）建议转诊：若新生儿出现下列情况之一，建议转诊至上级医疗保健机构。

①喂养困难。

②躯干或四肢皮肤明显黄染、皮疹，指趾甲周红肿。

③单眼或双眼溢泪，黏性分泌物增多或红肿。

④颈部有包块。

⑤心脏杂音。

⑥肝脾肿大。

⑦首次发现五官、胸廓、脊柱、四肢畸形并未到医院就诊者。

在检查中，发现任何不能处理的情况，均应转诊。

四、工作要求

（1）新生儿访视人员应经过专业技术培训。访视时应携带新生儿访视包，出示相关工作证件。

（2）新生儿访视包应包括体温计、新生儿杠杆式体重秤或电子体重秤、听诊器、手电筒、消毒压舌板、75%酒精、消毒棉签、新生儿访视卡等。新生儿杠杆式体重秤或电子体重秤最大载重为 10 kg，最小分度值为 50 g。

（3）注意医疗安全，预防交叉感染。检查前清洁双手，检查时注意保暖，动作轻柔，使用杠杆秤时注意不要离床或地面过高。

（4）加强宣教和健康指导。告知访视目的和服务内容，反馈访视结果，提供新生儿喂养、护理和疾病防治等健康指导，对新生儿疾病筛查的情况进行随访。

（5）发现新生儿危重征象，应向家长说明情况，立即转上级医疗保健机构治疗。

（6）保证工作质量，按要求询问相关信息，认真完成测量和体检。完整、准确填写新生儿家庭访视记录表，并纳入儿童健康档案。

五、考核指标

（1）新生儿访视覆盖率＝（该年接受1次及1次以上访视的新生儿人数／同期活产数）×100%

（2）新生儿纯母乳喂养率＝（同期纯母乳喂养新生儿数／满月访视有喂养记录的新生儿数）×100%

儿童健康检查服务技术规范

一、目的

通过定期健康检查，对儿童生长发育进行监测和评价，较早发现异常和疾病，及时进行干预，指导家长做好科学育儿及疾病预防，促进儿童健康成长。

二、服务对象

辖区内 0～6 岁儿童。

三、内容与方法

（一）健康检查时间

婴儿期至少 4 次，建议分别在 3 月龄、6 月龄、8 月龄和 12 月龄；3 岁及以下儿童每年至少 2 次，每次间隔 6 个月，时间在 1 岁半、2 岁、2 岁半和 3 岁；3 岁以上儿童每年至少 1 次。健康检查可根据儿童个体情况，结合预防接种时间或本地区实际情况适当调整检查时间，增加检查次数。

健康检查需在预防接种前进行，就诊环境布置应便于儿童先体检、后预防接种，每次健康检查时间不应少于 5～10 min。

（二）健康检查内容

1. 问诊

（1）喂养及饮食史：喂养方式，食物转换（辅食添加）情况，食物品种、餐次和量，饮食行为及环境，营养素补充剂的添加等情况。

（2）生长发育史：既往体格生长、心理行为发育情况。

（3）生活习惯：睡眠、排泄、卫生习惯等情况。

（4）过敏史：药物、食物等过敏情况。

（5）患病情况：两次健康检查之间患病情况。

2. 体格测量

（1）体重。

①测量前准备：每次测量体重前需校正体重秤零点。儿童脱去外衣、鞋、袜、帽，排空大小便，婴儿去掉尿布。冬季注意保持室内温暖，让儿童仅穿单衣裤，准确称量并除去衣服重量。

②测量方法：测量时儿童不能接触其他物体。使用杠杆式体重秤进行测量时，放置的砝码应接近儿童体重，并迅速调整游锤，使杠杆呈正中水平，将砝码及游锤所示读数相加；使用电子体重秤称重时，待数据稳定后读数。

记录时需除去衣服重量。体重记录以千克（kg）为单位，至小数点后1位。

（2）身长（身高）。

①测量前准备：2岁及以下儿童测量身长，2岁以上儿童测量身高。儿童测量身长（身高）前应脱去外衣、鞋、袜、帽。

②测量方法：测量身长时，儿童仰卧于量床中央，助手将头扶正，头顶接触头板，两耳在同一水平线。测量者立于儿童右侧，左手握住儿童两膝使腿伸直，右手移动足板使其接触双脚跟部，注意量床两侧的读数应保持一致，然后读数；测量身高时，应取立位，两眼直视正前方，胸部挺起，两臂自然下垂，脚跟并拢，脚尖分开约60°，脚跟、臀

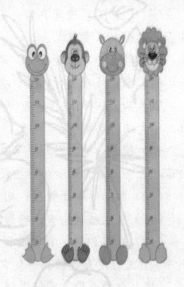

部与两肩胛间三点同时接触立柱，头部保持正中位置，使测量板与头顶点接触，读测量板垂直交于立柱上刻度的数字，视线应与立柱上刻度的数字平行。儿童身长（身高）记录以厘米（cm）为单位，至小数点后1位。

（3）头围。儿童取坐位或仰卧位，测量者位于儿童右侧或前方，用左手拇指将软尺零点固定于头部右侧眉弓上缘处，经枕骨粗隆及左侧眉弓上缘回至零点，使软尺紧贴头皮，女童应松开发辫。儿童头围记录以厘米（cm）为单位，至小数点后1位。

3. 体格检查

（1）一般情况：观察儿童精神状态、面容、表情和步态。

（2）皮肤：有无黄染、苍白、发绀（口唇、指趾甲床）、皮疹、出血点、瘀斑、血管瘤、颈部、腋下、腹股沟部、臀部等皮肤皱褶处有无潮红或糜烂。

（3）淋巴结：全身浅表淋巴结的大小、个数、质地、活动度、有无压痛。

（4）头颈部：有无方颅、颅骨软化，前囟大小及张力，颅缝，有无特殊面容、颈部活动受限或颈部包块。

（5）眼：外观有无异常，有无结膜充血和分泌物，眼球有无震颤。婴儿是否有注视、追视情况。

（6）耳：外观有无异常，耳道有无异常分泌物。

（7）鼻：外观有无异常，有无异常分泌物。

（8）口腔：有无唇腭裂，口腔黏膜有无异常。扁桃体是否肿大，乳牙数、有无龋齿及龋齿数。

（9）胸部：胸廓外形是否对称，有无漏斗胸、鸡胸、肋骨串珠、肋软骨沟等，心脏听诊有无心律不齐及心脏杂音，肺部呼吸音有无异常。

（10）腹部：有无腹胀、疝、包块、触痛，检查肝脾大小。

（11）外生殖器：有无畸形、阴囊水肿、包块，检查睾丸位置及大小。

（12）脊柱四肢：脊柱有无侧弯或后突，四肢是否对称、有无畸形，有条件者可进行发育性髋关节发育不良筛查。

（13）神经系统：四肢活动对称性、活动度和肌张力。

4. 心理行为发育监测

婴幼儿每次进行健康检查时，需按照儿童生长发育监测图的运动发育指标进行发育监测，定期了解儿童心理行为发育情况，及时发现发育偏离儿童。有条件地区可开展儿童心理行为发育筛查。

5. 实验室及其他辅助检查

（1）血红蛋白或血常规检查：6～9月龄儿童检查1次，1～6岁儿童每年检查1次。

（2）听力筛查：对有听力损失高危因素的儿童，采用便携式听觉评估仪及筛查型耳声发射仪，在儿童6月龄、12月龄、24月龄和36月龄各进行1次听力筛查。

（3）视力筛查：儿童4岁开始每年采用国际标准视力表或标准对数视力表灯箱进行1次视力筛查。

（4）其他检查：有条件单位可根据儿童具体情况开展尿常规、膳食营养分析等检查项目。

（三）健康评价

1. 体格生长评价

（1）评价指标。体重／年龄、身长（身高）／年龄、头围／年龄、体重／身长（身高）和体质指数（BMI）／年龄。

（2）评价方法。

①离差法（标准差法）。以中位数（M）为基值加减标准差（SD）来评价体格生长，可采用五等级划分法和三等级划分法（表11）。

表11 等级划分法

等级	<M-2SD	M-2SD ~ M-1SD	M±1SD	M+1SD ~ M+2SD	>M+2SD
五等级	下	中下	中	中上	上
三等级	下		中		上

②百分位数法。将参照人群的第50百分位数（P50）为基准值，第3百分位数值相当于离差法的中位数减2个标准差，第97百分位数值相当于离差法的中位数加2个标准差。

③曲线图法。以儿童的年龄或身长（身高）为横坐标，以生长指标为纵坐标，绘制成曲线图，从而能直观、快速地了解儿童的生长情况，通过追踪观察可以清楚地看到生长趋势和变化情况，及时发现生长偏离的现象。

描绘方法：以横坐标的年龄或身长（身高）点作一与横坐标垂直的线，再以纵坐标的体重、身长（身高）、头围测量值或BMI值为点作与纵坐标垂直的线，两线相交点即为该年龄儿童体重、身长（身高）、头围、BMI在曲线图的位置或水平，将连续多个体重、身长（身高）、头围、BMI的描绘点连线即获得该儿童体重、身长（身高）、头围、BMI生长轨迹或趋势。

（3）评价内容。

①生长水平：指个体儿童在同年龄同性别人群中所处的位置，为该儿童生长的现况水平（表12）。

②匀称度：包括体型匀称和身材匀称，通过体重/身长（身高）可反映儿童的体型和人体各部分的比例关系（表12）。

表12 生长水平和匀称度的评价

指标	测量值		评价
	百分位法	标准差法	
体重/年龄	< P3	< M−2SD	低体重
身长（身高）/年龄	< P3	< M−2SD	生长迟缓
体重/身长（身高）	< P3	< M−2SD	消瘦
	P85 ～ P97	M+1SD ～ M+2SD	超重
	> P97	≥ M+2SD	肥胖
头围/年龄	< P3	< M−2SD	过小
	> P97	> M+2SD	过大

③生长速度：将个体儿童不同年龄时点的测量值在生长曲线图上描记并连接成一条曲线，与生长曲线图中的参照曲线比较，即可判断该儿童在此段时间的生长速度是正常、增长不良或过速。纵向观察儿童生长速度可掌握个体儿童自身的生长轨迹。

a. 正常增长：与参照曲线相比，儿童的自身生长曲线与参照曲线平行上升即为正常增长。

b. 增长不良：与参照曲线相比，儿童的自身生长曲线上升缓慢（增长不足：增长值为正数，但低于参照速度标准）、持平（不增：增长值为零）或下降（增长值为负数）。

c. 增长过速：与参照曲线相比，儿童的自身生长曲线上升迅速（增长值超过参照速度标准）。

2. 心理行为发育评价

采用儿童生长发育监测图监测婴幼儿心理行为发育。如果某项运动发育指标至箭头右侧月龄仍未通过者，需进行心理行为发育筛查或转诊。

（四）指导

1. 喂养与营养

提倡母乳喂养，指导家长进行科学的食物转换、均衡膳食营养、培养儿童良好的进食行为、注意食品安全。预防儿童蛋白质－能量营养不良、营养性缺铁性贫血、维生素D缺乏性佝偻病、肥胖等常见营养性疾病的发生。

2. 体格生长

告知定期测量儿童体重、身长（身高）、头围的重要性，反馈测评结果，指导家长正确使用儿童生长发育监测图进行生长发育监测。

3. 心理行为发育

根据儿童发育年龄进行预见性指导，促进儿童心理行为发育。

4. 伤害预防

重视儿童伤害预防，针对不同地区、不同年龄儿童伤害发生特点，对溺水、跌落伤、道路交通伤害等进行预防指导。

5. 疾病预防

指导家长积极预防儿童消化道、呼吸道等常见疾病，按时预防接种，加强体格锻炼，培养良好卫生习惯。

（五）转诊

（1）对低体重、生长迟缓、消瘦、肥胖、营养性缺铁性贫血及维生素D缺乏性佝偻病儿童进行登记，并转入儿童营养性疾病管理。

（2）对儿童心理行为发育筛查结果可疑或异常的儿童进行登记并转诊。

（3）出现下列情况之一，且无条件诊治者应转诊：

①皮肤有皮疹、糜烂、出血点等，淋巴结肿大、压痛。

②头围过大或过小，前囟张力过高，颈部活动受限或颈部包块。

③眼外观异常、溢泪或溢脓、结膜充血、眼球震颤，婴儿不注视、不追视，4岁以上儿童视力筛查异常。

④耳、鼻有异常分泌物，龋齿。

⑤听力筛查未通过。

⑥心脏杂音，心律不齐，肺部呼吸音异常。

⑦肝脾肿大，腹部触及包块。

⑧脊柱侧弯或后突，四肢不对称、活动度和肌张力异常，疑有发育性髋关节发育不良。

⑨外生殖器畸形、睾丸未降、阴囊水肿或包块。

在健康检查中，发现任何不能处理的情况均应转诊。

四、流程图

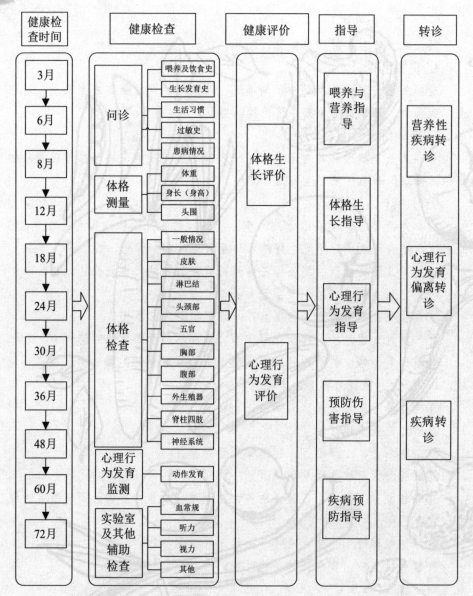

五、工作要求

（1）儿童健康检查人员应经过专业技术培训。

（2）开展儿童健康检查的医疗保健机构需配备儿童体重秤、量床、身高计、软尺、听诊器、手电筒、消毒压舌板、听力和视力筛查工具、儿童生长发育监测图（表）和必要的实验室检查设备。

①体重秤：体重测量应使用杠杆式体重秤或电子体重秤，最大称量为 60 kg，最小分度值为 50 g。

②量床：供 2 岁及以下儿童测量身长使用，最小分度值为 0.1 cm。

③身高计：供 2 岁以上儿童测量身高使用，最小分度值为 0.1 cm。

④软尺：无伸缩性软尺，最小分度值为 0.1 cm。

⑤听力筛查工具：便携式听觉评估仪，筛查型耳声发射仪。

⑥视力筛查工具：国际标准视力表或标准对数视力表灯箱。

（3）检查时注意检测工具和双手的清洁卫生，预防交叉感染；保持适宜的室内温度；检查动作轻柔，注意医疗安全，避免伤害隐患。

（4）掌握正确的儿童生长发育监测和评价方法，特别是生长发育曲线的描绘和解释，早期发现生长发育偏离或异常情况。有转诊指征的儿童，应向家长说明情况，并及时转诊。

（5）针对儿童营养、喂养、心理行为发育、疾病和伤害预防提供科学育儿知识和相关技能指导；及时反馈体检结果，对生长发育偏离或有疾病的儿童进行追踪随访。

（6）使用统一的健康检查表格，认真逐项填写，确保资料收集的完整性、连续性，并纳入儿童健康档案。

六、考核指标

（一）工作指标

①0～6 岁儿童保健覆盖率＝（该年辖区内 0～6 岁儿童接受 1 次及以上体格检查人数／该年辖区内 0～6 岁儿童数）×100%

②3 岁以下儿童系统管理率＝（该年辖区内 3 岁以下儿童系统管理合格人数／该年辖区内 3 岁以下儿童数）×100%

③0～6 岁儿童血红蛋白检查率＝（该年辖区内 0～6 岁儿童血红蛋白检查人数／该年辖区内 0～6 岁儿童血红蛋白应检查人数）×100%

（二）疾病指标

①5 岁以下儿童贫血患病率＝（5 岁以下儿童贫血患病人数／5 岁以下儿童血红蛋白检查人数）×100%

②5 岁以下儿童低体重率＝（5 岁以下儿童低体重人数／5 岁以下儿童体

重检查人数）×100%

③5岁以下儿童生长迟缓率=（5岁以下儿童生长迟缓人数/5岁以下儿童身长/身高检查人数）×100%

④5岁以下儿童消瘦率=（5岁以下儿童消瘦人数/5岁以下儿童体格检查人数）×100%

⑤5岁以下儿童肥胖率=（5岁以下儿童肥胖人数/5岁以下儿童体格检查人数）×100%

儿童喂养与营养指导技术规范

一、目的

通过对辖区内儿童家长进行母乳喂养、食物转换、合理膳食、饮食行为等科学喂养知识的指导，提高6个月内婴儿纯母乳喂养率，预防营养性疾病，促进儿童健康。

二、服务对象

辖区内0~6岁儿童及其家长。

三、内容与方法

（一）婴儿期喂养指导

1. 纯母乳喂养

婴儿6月龄内应纯母乳喂养，无须给婴儿添加水、果汁等液体和固体食物，以免减少婴儿的母乳摄入，进而影响母亲乳汁分泌。从6月龄起，在合理添加其他食物的基础上，继续母乳喂养至2岁。

（1）建立良好的母乳喂养方法。

①产前准备：母亲孕期体重适当增加（12~14kg），贮存脂肪以供哺乳能量的消耗。母亲孕期增重维持在正常范围内可减少妊娠糖尿病、高血压、剖宫产、低出生体重儿、巨大儿和出生缺陷及围产期死亡的危险。

②尽早开奶：生后2周是建立母乳喂养的关键时期。产后1h内应帮助新生儿尽早实现第一次吸吮，对成功建立母乳喂养十分重要。

③促进乳汁分泌。

a. 按需哺乳：3月龄内婴儿应频繁吸吮，每日不少于8次，可使母亲乳头得到足够的刺激，促进乳汁分泌。

b. 乳房排空：吸吮产生的"射乳反射"可使婴儿短时间内获得大量乳汁；每次哺乳时应强调喂空一侧乳房，再喂另一侧，下次哺乳则从未喂空的一侧乳房开始。

c. 乳房按摩：哺乳前热敷乳房，从外侧边缘向乳晕方向轻拍或按摩乳房，有促进乳房血液循环、乳房感觉神经的传导和泌乳作用。

d. 乳母生活安排：乳母身心愉快、睡眠充足、营养合理［需额外增加能量 2093 kJ/d（500 kcal/d）］，可促进泌乳。

④正确的喂哺技巧。

a. 哺乳前准备：等待哺乳的婴儿应是清醒状态、有饥饿感，并已更换干净的尿布。哺乳前让婴儿用鼻推压或舔母亲的乳房，哺乳时婴儿的气味、身体的接触都可刺激乳母的射乳反射。

b. 哺乳方法：每次哺乳前，母亲应洗净双手。正确的喂哺姿势有斜抱式、卧式、抱球式。无论用何种姿势，都应该让婴儿的头和身体呈一条直线，婴儿身体贴近母亲，婴儿头和颈得到支撑，婴儿贴近乳房、鼻子对着乳头。正确的含接姿势是婴儿的下颏贴在乳房上，嘴张得很大，将乳头及大部分乳晕含在嘴中，婴儿下唇向外翻，婴儿嘴上方的

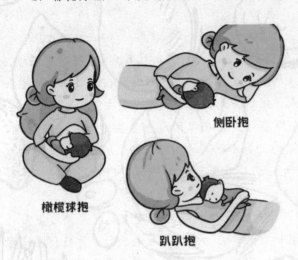

橄榄球抱

侧卧抱

趴趴抱

乳晕比下方多。婴儿慢而深地吸吮，能听到吞咽声，表明含接乳房姿势正确，吸吮有效。哺乳过程注意母婴互动交流。

c. 哺乳次数：3 月龄内婴儿应按需哺乳。4～6 月龄逐渐定时喂养，每 3～4 h 1 次，每日约 6 次，可逐渐减少夜间哺乳，帮助婴儿形成夜间连续睡眠能力。但有个体差异，需区别对待。

（2）常见的母乳喂养问题。

①乳量不足：正常乳母产后 6 个月内每天泌乳量随婴儿月龄增长逐渐增加，成熟乳量平均可达每日 700～1000 mL。婴儿母乳摄入不足可出现下列表现：

a. 体重增长不足，生长曲线平缓甚至下降，尤其新生儿期体重增长低于 600 g；

b. 尿量每天少于 6 次；

c. 吸吮时不能闻及吞咽声；

d. 每次哺乳后常哭闹不能安静入睡，或睡眠时间小于 1 h（新生儿除外）。

若确因乳量不足影响婴儿生长，应劝告母亲不要轻易放弃母乳喂养，可在每次哺乳后用配方奶补充母乳不足。

②乳头内陷或皲裂：乳头内陷需要产前或产后做简单的乳头护理，每日用清水（忌用肥皂或酒精之类）擦洗、挤、捏乳头，母亲亦可用乳头矫正器矫正乳头内陷。母亲应学会"乳房喂养"而不是"乳头喂养"，大部分婴儿仍可从扁平或内陷乳头吸吮乳汁。每次哺乳后可挤出少许乳汁均匀地涂在乳头上，乳汁中丰富的蛋白质和抑菌物质对乳头表皮有保护作用，可防止乳头皲裂及感染。

③溢奶。

a. 发生原因：婴儿胃容量较小，呈水平位置，且具有贲门括约肌松弛、幽门括约肌发育较好等消化道的解剖生理特点，使 6 月龄内的婴儿常常出现溢奶。喂养方法不当导致吞入气体过多或过度喂养亦可发生溢奶。

b. 缓解方法：喂奶后宜将婴儿头靠在母亲肩上竖直抱起，轻拍背部，可帮助排出吞入空气而预防溢奶。婴儿睡眠时宜右侧卧位，可预防睡眠时溢奶而致窒息。若经指导后婴儿溢奶症状无改善，或体重增长不良，应及时转诊。

④母乳性黄疸：母乳性黄疸是指纯母乳喂养的健康足月儿或近足月儿生后 2 周后发生的黄疸。母乳性黄疸婴儿一般体格生长良好，无任何临床症状，无须治疗，黄疸可自然消退，应继续母乳喂养。若黄疸明显，累及四肢及手足心，应及时就医。如果血清胆红素水平大于 15 ～ 20 mg/mL，且无其他病理情况，建议停喂母乳 3 天，待黄疸减轻后，可恢复母乳喂养。停喂母乳期间，母亲应定时挤奶，维持泌乳，婴儿可暂时用配方奶替代喂养。再次喂母乳时，黄疸可有反复，但不会达到原有程度。

⑤母亲外出时的母乳喂养：母亲外出或上班后，应鼓励母亲坚持母乳喂养。每天哺乳不少于 3 次，外出或上班时挤出母乳，以保持母乳的分泌量。

（3）母乳保存方法。母亲外出或母乳过多时，可将母乳挤出存放至干净的容器或特备的"乳袋"，妥善保存在冰箱或冰包中，不同温度下母乳储存时间可参考表 13，食用前用温水将母乳加热至 40℃左右即可喂哺。

表13 母乳储存方法

储存条件	最长储存时间
室温（25℃）	4 h
冰箱冷藏室（4℃）	48 h
冰箱冷冻室（–20℃）	3个月

（4）不宜母乳喂养的情况。母亲正接受化疗或放射治疗、患活动期肺结核且未经有效治疗、患乙型肝炎且新生儿出生时未接种乙肝疫苗及乙肝免疫球蛋白、HIV感染、乳房上有疱疹、吸毒等情况下，不宜母乳喂养。母亲患其他传染性疾病或服用药物时，应咨询医生，根据情况决定是否可以哺乳。

2. 部分母乳喂养

母乳与配方奶或其他乳类同时喂养婴儿为部分母乳喂养，其中母乳与配方奶同时喂养的方法有下列两种。

（1）补授法：6月龄内婴儿母乳不足时，仍应维持必要的吸吮次数，以刺激母乳分泌。每次哺喂时，先喂母乳，后用配方奶补充母乳不足。补授的乳量根据婴儿食欲及母乳分泌量而定，即"缺多少补多少"。

（2）代授法：一般用于6月龄以后无法坚持母乳喂养的情况，可逐渐减少母乳喂养的次数，用配方奶替代母乳。

3. 配方奶喂养

（1）喂养次数：因新生婴儿胃容量较小，生后3个月内可不定时喂养。3个月后婴儿可建立自己的进食规律，此时应开始定时喂养，每3～4h 1次，约6次/日。允许每次奶量有波动，避免采取不当方法刻板要求婴儿摄入固定的奶量。

（2）喂养方法：在婴儿清醒状态下，采用正确的姿势喂哺，并注意母婴互动交流。应特别注意选用适宜的奶嘴，奶液温度应适当，奶瓶应清洁，喂哺时奶瓶的位置与婴儿下颌成45°，同时奶液宜即冲即食，不宜用微波炉热奶，以避免奶液受热不均或过烫。

（3）奶粉调配：应严格按照产品说明的方法进行奶粉调配，避免过稀或过浓，或额外加糖。

（4）奶量估计：配方奶作为6月龄内婴儿的主要营养来源时，需要经常估计婴儿奶的摄入量。3月龄内婴儿奶量500～750 mL/d，4～6月龄婴儿800～1000 mL/日，逐渐减少夜间哺乳。

（5）治疗性配方奶选择。

①水解蛋白配方：对确诊为牛乳蛋白过敏的婴儿，应坚持母乳喂养，可继续母乳喂养至2岁，但母亲要限制奶制品的摄入。如不能进行母乳喂养而对牛乳蛋白过敏的婴儿应首选氨基酸配方或深度水解蛋白配方奶，不建议选择部分水解蛋白配方奶、大豆配方奶。

②无乳糖配方：对有乳糖不耐受的婴儿应使用无乳糖配方奶（以蔗糖、葡萄糖聚合体、麦芽糖糊精、玉米糖浆为碳水化合物来源的配方奶）。

③低苯丙氨酸配方：确诊苯丙酮尿症的婴儿应使用低苯丙氨酸配方奶。

4. 食物转换

随着生长发育，消化能力逐渐提高，单纯乳类喂养不能完全满足6月龄后婴儿生长发育的需求，婴儿需要由纯乳类的液体食物向固体食物逐渐转换，这个过程称为食物转换（旧称辅食添加）。婴儿期若断离母乳，仍需维持婴儿总奶量800 mL/d左右。儿童营养需求包括营养素、

营养行为和营养环境三个方面，婴幼儿喂养过程的液体食物喂养阶段、泥糊状食物引入阶段和固体食物进食阶段中，不仅要考虑营养素摄入，也应考虑喂养或进食行为，以及饮食环境，使婴幼儿在获得充足和均衡的营养素摄入的同时，养成良好的饮食习惯。在资源缺乏、日常饮食无法满足婴儿营养需要时，可使用营养素补充剂或以大豆、谷类为基质的高密度营养素强化食品。

（1）月龄：建议开始引入非乳类泥糊状食物的月龄为6月龄，不早于4月龄。此时婴儿每次摄入奶量稳定，每次约180 mL，生长发育良好，提示婴儿已具备接受其他食物的消化能力。

（2）种类。

①第一阶段食物：应首先选择能满足生长需要、易于吸收、不易产生过敏的谷类食物，最好为强化铁的米粉，米粉可用奶液调配；其次引入的食物是根茎类蔬菜、水果，主要目的是训练婴儿的味觉。食物应用勺喂养，帮助

训练婴儿的吞咽功能。

②第二阶段食物：7～9月龄逐渐引入婴儿第二阶段食物，包括肉类、蛋类、鱼类等动物性食物和豆制品。引入的食物应以当地食物为基础，注意食物的质地、营养密度、卫生和制作方法的多样性。

③方法：婴儿食物转换期是对其他食物逐渐习惯的过程，引入的食物应由少到多，首先喂给婴儿少量强化铁的米粉，由1～2勺到数勺，直至1餐；引入食物应由一种到多种，婴儿接受一种新食物一般需尝试8～10次，3～5日，至婴儿习惯该种口味后再换另一种，以刺激味觉的发育。单一食物逐次引入的方法可帮助及时了解婴儿是否出现食物过敏及确定过敏原。

④进食技能训练：食物转换有助于婴儿神经心理发育，引入的过程应注意食物的质地和培养儿童的进食技能，如用勺、杯进食可促进口腔动作协调，学习吞咽；从泥糊状食物过渡到碎末状食物可帮助学习咀嚼，并可增加食物的能量密度；用手抓食物，既可增加婴儿进食的兴趣，又有利于促进手眼协调和培养儿童独立进食能力（表14）。在食物转换过程中，婴儿进食的食物质地和种类逐渐接近成人食物，进食技能亦逐渐成熟。

表14 婴儿食物转换方法

	6月龄	7～9月龄	10～12月龄
食物性状	泥状食物	末状食物	碎状、丁块状、指状食物
餐次	尝试，逐渐增加至1餐	4～5次奶，1～2餐其他食物	2～3次奶，2～3餐其他食物
乳类	纯母乳、部分母乳或配方奶；定时（3～4 h）哺乳，5～6次/日，奶量800～1000毫升/日；逐渐减少夜间哺乳	母乳、部分母乳或配方奶；4～5次/日，奶量800毫升/日	部分母乳或配方奶；2～3次/日，奶量600～800毫升/日
谷类	选择强化铁的米粉，用水或奶调配；开始少量（1勺）尝试，逐渐增加到每天1餐	强化铁的米粉、稠粥或面条，每日30～50 g	软饭或面食，每日50～75 g
蔬菜水果类	开始尝试蔬菜泥（瓜类、根茎类、豆荚类）1～2勺，然后尝试水果泥1～2勺，每日2次	每日碎菜25～50 g，水果20～30 g	每日碎菜50～100 g，水果50 g
肉类	尝试添加	开始添加肉泥、肝泥、动物血等动物性食品	添加动物肝脏、动物血、鱼虾、鸡鸭肉、红肉（猪肉、牛肉、羊肉等），每日25～50 g
蛋类	暂不添加	开始添加蛋黄，每日自1/4个逐渐增加至1个	1个鸡蛋
喂养技术	用勺喂食	可坐在一高椅子上与成人共进餐，开始学习用手自我喂食。可让婴儿手拿"条状"或"指状"食物，学习咀嚼	学习自己用勺进食；用杯子喝奶；每日和成人同桌进餐1～2次

注：注意事项，可在进食后再饮奶，自然形成一餐代替一顿奶，引入的食物不应影响总奶量；食物清淡，无盐，少糖、油；不食用蜂蜜水或糖水，尽量不喝果汁。

5. 早产儿和低出生体重儿出院后喂养

出生体重＜2000 g、出生后病情危重或并发症多、完全肠外营养＞4 周、体重增长缓慢的早产儿和低出生体重儿，出院后需到有诊治条件的医疗保健机构定期随访，在专科医生的指导下进行强化母乳、早产儿配方奶或早产儿出院后配方奶喂养。

出生体重≥2000 g，且无以上高危因素的早产儿和低出生体重儿，出院后仍首选纯母乳喂养，仅在母乳不足或无母乳时考虑应用婴儿配方奶。乳母的饮食和营养均衡对早产儿和低出生体重儿尤为重要。

早产儿和低出生体重儿引入其他食物的年龄有个体差异，与其发育成熟水平有关。胎龄小的早产儿和低出生体重儿引入时间相对较晚，一般不宜早于校正月龄4月龄，不迟于校正月龄6月龄。

（二）幼儿及学龄前儿童饮食指导

1. 食物品种和进食量

（1）幼儿进食品种及进食量：每天应摄入350～500 mL乳类，不能继续母乳喂养的2岁以内幼儿建议选择配方奶。注意膳食品种多样化，提倡自然食品、均衡膳食，每天应进食1个鸡蛋、50 g动物性食物、100～150 g谷物、150～200 g蔬菜、150～200 g水果、20～25 g植物油。幼儿应进食体积适宜、质地稍软、少盐易消化的家常食物，避免给幼儿吃油炸食品，少吃快餐，少喝甜饮料，包括乳酸饮料。

（2）学龄前儿童进食品种及进食量：每天应摄入300～400 mL牛奶及奶制品、180～260 g谷类、120～140 g肉蛋类动物性食物、25 g豆类及豆制品、200～250 g蔬菜、150～300 g水果、25～30 g植物油。

（3）饮食安排：每天的进食可安排3餐主食、2～3次乳类与营养点心，餐间控制零食。家长负责为儿童提供安全、营养、易于消化和美味的健康食物，允许儿童决定进食量，规律进餐，让儿童体验饥饿和饱足感。

2. 饮食行为

（1）进食方式：12月龄的幼儿应该开始练习自己用餐具进食，培养幼儿的独立能力和正确反应能力。1～2岁幼儿应分餐进食，鼓励幼儿自己进食，

2 岁后的儿童应独立进食。

（2）进食行为：应定时、定点、定量进餐，每次进餐时间为20～30 min。进食过程中应避免边吃边玩、边看电视，不要追逐喂养，不使用奶瓶喝奶。家长的饮食行为对幼儿有较大影响，避免强迫喂养和过度喂养，预防儿童拒食、偏食和过食。家长少提供高脂高糖食物、快餐食品、碳酸饮料及含糖饮料。

（3）食物烹调方式：食物宜单独加工，烹制以蒸、煮、炖、炒为主，注意食物的色、香、味。可让儿童参与食物制作过程，提高儿童对食物的兴趣。

（4）适量饮水：根据季节和儿童活动量决定饮水量，以白开水为好，以不影响幼儿奶类摄入和日常饮食为度。

3. 饮食环境

家人围坐就餐是儿童学习自主进食的最佳方式，应为儿童提供轻松、愉悦的良好进餐环境和气氛，避免嘈杂的进餐环境。避免进餐时恐吓、训斥和打骂儿童。

（三）食品安全

1. 食物选择

避免给 3 岁以下儿童提供容易引起窒息和伤害的食物，如小圆形糖果和水果、坚果、果冻、爆米花、口香糖，以及带骨刺的鱼和肉等。

2. 饮食卫生

婴幼儿食物的制备与保存过程需保证食物、食具、水的清洁和卫生。在准备食物和喂食前儿童和看护人均应洗手，给儿童提供新鲜的食物，避免食物被污染。禽畜肉类、水产品等动物性食物应保证煮熟，以杀灭有害细菌。剩余食物再食时宜加热避免污染，加热固体食物应彻底、液体食物应煮沸。

3. 食物储存

食物制作后应立即食用，避免食物放置的时间过长，尤其是在室温下。剩余食物应放入冰箱保存，加盖封藏，以减缓细菌的繁殖速度。

四、工作要求

（1）在儿童健康体检时，根据儿童的年龄阶段以及体格评价结果，开展儿童喂养与营养指导。

（2）认真做好母乳喂养、食物转换、儿童合理营养的咨询指导工作，指导家长采用科学的喂养方法，尽早培养儿童健康的饮食行为，促进儿童生长与发育。

（3）开展多种形式的喂养与营养保健知识健康教育活动，普及儿童营养知识。

五、考核指标

（1）6个月内纯母乳喂养率＝（调查前24 h纯母乳喂养婴儿数／调查6个月内婴儿数）×100%

（2）6个月内母乳喂养率＝（调查前24 h母乳喂养婴儿数／调查6个月内婴儿数）×100%

（3）家长科学喂养知识知晓率＝（调查时辖区所有掌握喂养与营养知识的0～6岁儿童家长数／调查的辖区0～6岁儿童家长数）×100%

儿童营养性疾病管理技术规范

一、目的

通过健康教育、喂养指导和药物治疗等干预措施，对患有营养性疾病的儿童进行管理，及时矫正其营养偏离，促进儿童身心健康成长。

二、管理对象

辖区内0～6岁健康检查筛查出的患营养性疾病的儿童。

三、管理内容

（一）蛋白质－能量营养不良

1. 评估及分类

蛋白质－能量营养不良分别以体重／年龄、身长（身高）／年龄和体重／身长（身高）为评估指标，采用测量值标准差法进行

称体重　　　　量身高

评估和分类，测量值低于中位数减2个标准差为低体重、生长迟缓和消瘦。

表15　蛋白质-能量营养不良评估及分类

指标	测量值标准差法	评价
体重/年龄	M-3SD ～ M-2SD	中度低体重
	＜ M-3SD	重度低体重
身长（身高）/年龄	M-3SD ～ M-2SD	中度生长迟缓
	＜ M-3SD	重度生长迟缓
体重/身长（身高）	M-3SD ～ M-2SD	中度消瘦
	＜ M-3SD	重度消瘦

2. 查找病因

（1）早产儿、低出生体重儿或小于胎龄儿。

（2）喂养不当，如乳类摄入量不足、未适时或适当地进行食物转换、偏食和挑食等。

（3）反复呼吸道感染和腹泻，消化道畸形，内分泌、遗传代谢性疾病及影响生长发育的其他慢性疾病。

3. 干预

（1）喂养指导：进行喂养咨询和膳食调查分析，根据病因、评估分类和膳食分析结果，指导家长为儿童提供满足其恢复正常生长需要的膳食，使能量摄入逐渐达到推荐摄入量（RNI）的85%以上，蛋白质和矿物质、维生素摄入达到RNI的80%以上。

（2）管理。

①随访：每月进行营养监测、生长发育评估和指导，直至恢复正常生长。

②转诊：重度营养不良儿童、中度营养不良儿童连续2次治疗体重增长不良，或营养改善3～6个月后但身长或身高仍增长不良者，需及时转上级妇幼保健机构或专科门诊进行会诊或治疗。转诊后，应定期了解儿童转归情况，出院后及时纳入专案管理，按上级妇幼保健机构或专科门诊的治疗意见协助恢复期治疗，直至恢复正常生长。

③结案：一般情况好，体重/年龄或身长（身高）/年龄或体重/身长（身高）≥M-2SD即可结案。

4. 预防

（1）指导早产儿和低出生体重儿采用特殊喂养方法，定期评估，积极治疗可矫治的严重先天畸形。

（2）及时分析病史，询问儿童生长发育不良的原因，针对原因进行个体化指导；对存在喂养或进食行为问题的儿童，指导家长合理喂养和行为矫治，使儿童体格生长恢复正常速度。

（3）对于反复患消化道、呼吸道感染及影响生长发育的慢性疾病儿童应及时治疗。

（二）营养性缺铁性贫血

1. 评估及分度

（1）评估指标。

①血红蛋白（Hb）降低：6月龄至6岁＜110 g/L。由于海拔高度对Hb值的影响，海拔每升高1000 m，Hb上升约4%。

②外周血红细胞呈小细胞低色素性改变：平均红细胞容积（MCV）＜80 fl，平均红细胞血红蛋白含量（MCH）＜27 pg，平均红细胞血红蛋白浓度（MCHC）＜310 g/L。

③有条件的机构可进行铁代谢等进一步检查，以明确诊断。

（2）贫血程度判断：Hb值90～109 g/L为轻度，60～89 g/L为中度，＜60 g/L为重度。

2. 查找病因

（1）早产、双胎或多胎、胎儿失血和妊娠期母亲贫血，导致先天铁储备不足。

（2）未及时添加富含铁的食物，导致铁摄入量不足。

（3）不合理的饮食搭配和胃肠疾病，影响铁的吸收。

（4）生长发育过快，对铁的需要量增大。

（5）长期慢性失血，导致铁丢失过多。

3. 干预

（1）铁剂治疗。

①剂量：贫血儿童可通过口服补充铁剂进行治疗。按元素铁计算补铁剂量，即每日补充元素铁1～2 mg/kg，餐间服用，分2～3次口服，每日总剂量不超过30 mg。可同时口服维生素C以促进铁吸收。常用铁剂及其含铁量，即每1 mg元素铁相当于：硫酸亚铁5 mg、葡萄糖酸亚铁8 mg、乳酸亚铁5 mg、柠檬酸铁铵5 mg或富马酸亚铁3 mg。口服铁剂可能出现恶心、呕吐、胃疼、便秘、大便颜色变黑、腹泻等副作用。当出现上述情况时，可改用间歇性补铁的方法［补充元素铁1～2毫克/（千克·次），每周1～2

次或每日 1 次]，待副作用减轻后，再逐步加至常用量。餐间服用铁剂，可缓解胃肠道副作用。

②疗程：应在 Hb 值正常后继续补充铁剂 2 个月，恢复机体铁储存水平。

③疗效标准：补充铁剂 2 周后 Hb 值开始上升，4 周后 Hb 值应上升 10～20 g/L 及以上。

（2）其他治疗。

①一般治疗：合理喂养，给予含铁丰富的食物；也可补充叶酸、维生素 B$_{12}$ 等微量营养素；预防感染性疾病。

②病因治疗：根据可能的病因和基础疾病采取相应的措施。

（3）管理。

①随访：轻中度贫血儿童补充铁剂后 2～4 周复查 Hb，并了解服用铁剂的依从性，观察疗效。

②转诊：重度贫血儿童、轻中度贫血儿童经铁剂正规治疗 1 个月后无改善或进行性加重者，应及时转上级妇幼保健机构或专科门诊会诊或转诊治疗。

③结案：治疗满疗程后 Hb 值达正常即可结案。

4. 预防

（1）饮食调整及铁剂补充。

①孕妇：应加强营养，摄入富含铁的食物。从妊娠第 3 个月开始，按元素铁 60 mg/d 口服补铁，必要时可延续至产后；同时补充小剂量叶酸（400 μg/d）及其他维生素和矿物质。分娩时延迟脐带结扎 2～3 min，可增加婴儿铁储备。

②婴儿：早产和低出生体重儿应从 4 周龄开始补铁，剂量为每日 2 mg/kg 元素铁，直至 1 周岁。纯母乳喂养或以母乳喂养为主的足月儿从 4 月龄开始补铁，剂量为每日 1 mg/kg 元素铁；人工喂养婴儿应采用铁强化配方奶。

③幼儿：注意食物的均衡和营养，多提供富含铁食物，鼓励进食蔬菜和水果，促进肠道铁吸收，纠正儿童厌食和偏食等不良习惯。

（2）寄生虫感染防治：在寄生虫感染的高发地区，应在防治贫血同时进行驱虫治疗。

（三）维生素D缺乏性佝偻病

1. 评估与分期

（1）早期：多见于6月龄内，特别是3月龄内的婴儿。可有多汗、易激惹、夜惊等非特异性神经精神症状，此期常无骨骼病变。血钙、血磷正常或稍低，碱性磷酸酶（AKP）正常或稍高，血25-（OH）D降低。骨X线片无异常或长骨干骺端临时钙化带模糊。

（2）活动期。

①骨骼体征：小于6月龄婴儿可有颅骨软化；大于6月龄婴儿可见方颅、手（足）镯、肋骨串珠、肋软骨沟、鸡胸、O型腿、X形腿等。

②血生化：血钙正常低值或降低，血磷明显下降，血AKP增高，血25-（OH）D显著降低。

③骨X线片：长骨干骺端临时钙化带消失，干骺端增宽，呈毛刷状或杯口状，骨骺软骨盘加宽＞2 mm。

（3）恢复期。

①症状体征：早期或活动期患儿可经日光照射或治疗后逐渐减轻或消失。

②血生化：血钙、血磷、AKP、25-（OH）D逐渐恢复正常。

③骨X线片：长骨干骺端临时钙化带重现、增宽、密度增加，骨骺软骨盘＜2 mm。

（4）后遗症期：严重佝偻病治愈后遗留不同程度的骨骼畸形。

2. 查找病因

（1）围生期储存不足：孕妇和乳母维生素D不足、早产、双胎或多胎。

（2）日光照射不足：室外活动少、高层建筑物阻挡、大气污染（如烟雾、尘埃）、冬季、高纬度（黄河以北）地区。

（3）生长过快：生长发育速度过快的婴幼儿，维生素D相对不足。

（4）疾病：反复呼吸道感染、慢性消化道疾病、肝肾疾病。

3. 干预

（1）维生素D治疗：活动期佝偻病儿童建议口服维生素D治疗，剂量为800 IU/d（20 μg/d），连服3～4个月，或2000～4000 IU/d（50～100 μg/d）连服1个月，之后改为400 IU/d（10 μg/d）。口服困难或腹泻等影响吸收时，可采用大剂量突击疗法，一次性肌注维生素D 15万～30万 IU

（3.75～7.5 mg）。若治疗后上述指征改善，1～3个月后口服维生素D 400 IU/d（10 μg/d）维持。大剂量治疗中应监测血生化指标，避免高钙血症、高钙尿症。

（2）其他治疗。

①户外活动：在日光充足、温度适宜时每天活动1～2 h，充分暴露皮肤。

②钙剂补充：乳类是婴幼儿钙营养的优质来源，乳量充足的足月儿可不额外补充钙剂。膳食中钙摄入不足者，可适当补充钙剂。

③加强营养：应注意多种营养素的补充。

（3）管理。

①随访：活动期佝偻病每月复查1次，恢复期佝偻病每2个月复查1次，至痊愈。

②转诊：若活动期佝偻病经维生素D治疗1个月后症状、体征、实验室检查无改善，应考虑其他非维生素D缺乏性佝偻病（如肾性骨营养不良、肾小管性酸中毒、低血磷抗维生素D性佝偻病、范可尼综合征）、内分泌、骨代谢性疾病（如甲状腺功能减退、软骨发育不全、黏多糖病）等，应转上级妇幼保健机构或专科门诊明确诊断。

③结案：活动期佝偻病症状消失1～3个月，体征减轻或恢复正常后观察2～3个月无变化者，即可结案。

4. 预防

（1）母亲：孕妇应经常户外活动，进食富含钙、磷的食物。妊娠后期为冬春季的妇女宜适当补充维生素D 400～1000 IU/d（10～25 μg/d），以预防先天性佝偻病的发生。

（2）婴幼儿。

①户外活动：婴幼儿适当进行户外活动接受日光照射，每日1～2 h，尽量暴露身体部位。

②维生素D补充：婴儿（尤其是纯母乳喂养儿）生后数天开始补充维生素D 400 IU/d（10 μg/d）。

③高危人群补充：早产儿、双胎儿生后即应补充维生素D 800 IU/d（20 μg/d），3个月后改为 400 IU/d（10 μg/d）。有条件可监测血生化指标，根据结果适当调整剂量。

（四）超重和肥胖

1. 评估与分度

（1）超重：体重／身长（身高）≥M＋1SD，或体质指数／年龄（BMI／年龄）≥M＋1SD。

（2）肥胖：体重／身长（身高）≥M＋2SD，或BMI／年龄≥M＋2SD。

2. 查找原因

（1）过度喂养和进食，膳食结构不合理。

（2）运动量不足及行为偏差。

（3）内分泌、遗传代谢性疾病。

3. 干预措施

（1）婴儿期。

①孕期合理营养，保持孕期体重正常增长，避免新生儿出生时体重过重或过低。

②提倡6个月以内纯母乳喂养，在及时、合理添加食物的基础上继续母乳喂养至2岁。

③控制超重和肥胖婴儿的体重增长速度，无须采取减重措施。

④监测体重、身长的增长和发育状况，强调合理膳食，避免过度喂养。

⑤避免低出生体重儿过度追赶生长。

（2）幼儿期。

①每月测量一次体重，每3个月测量一次身长，监测体格生长情况，避免过度喂养和过度进食，适当控制体重增长速度，不能使用饥饿、药物等影响儿童健康的减重措施。

②采用行为疗法改变不良的饮食行为，培养健康的饮食习惯。

③养成良好的运动习惯和生活方式，多进行户外活动，尽量不看电视或电子媒体。

（3）学龄前期。

①开展有关儿童超重和肥胖预防的健康教育活动，包括均衡膳食，避免过度进食，培养健康的饮食习惯和生活方式，尽量少看电视或电子媒体。

②每季度进行一次体格发育评价，对超重和肥胖儿童进行饮食状况和生活方式分析，纠正不良饮食和生活习惯。

4. 医学评价

（1）危险因素：对筛查为肥胖的儿童，在排除病理性肥胖之后，需进行危险因素评估。下列任何一项指标呈阳性者为高危肥胖儿童。

①家族史：过度进食、肥胖、糖尿病、冠心病、高脂血症、高血压等。

②饮食史：过度喂养或过度进食史。

③出生史：低出生体重或巨大儿。

④BMI 快速增加：BMI 在过去 1 年中增加≥2.0。

（2）合并症：根据儿童肥胖严重程度、病史和体征，酌情选择进行相关检查，以确定是否存在高血压、脂肪肝、高胆固醇血症、胰岛素抵抗、糖耐量异常等合并症。

5. 管理

（1）对筛查出的所有肥胖儿童采用体重／身长（身高）曲线图或 BMI 曲线图进行生长监测。

（2）对有危险因素的肥胖儿童在常规健康检查的基础上，每月监测体重，酌情进行相关辅助检查。

（3）根据肥胖儿童年龄段进行相应的
干预。

（4）对怀疑有病理性因素、存在合并
症或经过干预肥胖程度持续增加的肥胖儿
童，转诊至上级妇幼保健机构或专科门诊
进一步诊治。

四、工作要求

（一）管理方法

1. 登记管理

对低体重、生长迟缓、消瘦、肥胖、
营养性缺铁性贫血及维生素 D 缺乏性佝偻
病儿童进行登记管理，及时干预，记录转归。

2. 专案管理

对中重度营养不良儿童、中重度营养性缺铁性贫血儿童、活动期佝偻病
儿童应建专案进行管理。

3. 会诊与转诊

应及时将疑难病例转上级妇幼保健机构或专科门诊进行会诊，并进行追
踪随访，记录转归。

（二）专案管理人员资质

专案管理人员需具有临床执业医师资质，并接受过营养基础知识和营养
性疾病培训。

五、考核指标

（一）蛋白质－能量营养不良

儿童中重度营养不良专案管理率＝（辖区内中重度营养不良儿童专案管
理人数／辖区内中重度营养不良儿童人数）×100%

（二）营养性缺铁性贫血

（1）轻度贫血儿童登记管理率＝（辖区内轻度贫血儿童登记管理人数／
辖区内轻度贫血儿童人数）×100%

（2）中重度贫血儿童专案管理率＝（辖区内中重度贫血儿童专案管理人
数／辖区内中重度贫血儿童人数）×100%

（三）维生素 D 缺乏性佝偻病

活动期佝偻病儿童专案管理率＝（辖区内活动期佝偻病儿童专案管理人

数／辖区内活动期佝偻病儿童人数）×100%

（四）肥胖

0～6岁肥胖儿童登记管理率＝（辖区内0～6岁肥胖儿童登记管理人数／辖区内0～6岁肥胖儿童人数）×100%

三、婴幼儿常见疾病

1.儿童上呼吸道感染

上呼吸道感染是指病原体侵犯包括鼻、咽、喉等部位时出现的急性炎症反应，简称"上感"，它是儿童最常见的疾病之一。它不是一种疾病，而是一组症状的总称。本病发病无季节性特点，全年任何时候都可以发病，但因秋冬季和春季气温变化比较大，发病率相对会较高。每个人发病次数也不固定，常多次发病。营养不良、平时身体体质较差、机体免疫力低下的儿童易患上呼吸道感染。

上呼吸道感染属自限性疾病，自限性疾病是指疾病在发生发展到一定程度后，虽未经特殊治疗，或只需对症治疗或不治疗，也不需靠自身免疫功能也能自动停止，并逐渐恢复痊愈的疾病，比如某些病毒感染的疾病。

上呼吸道感染大部分为病毒感染所致，常见的有呼吸道合胞病毒、副流感病毒、腺病毒及柯萨奇病毒等；仅10%是细菌及其他病原体感染。

儿童特别是婴幼儿的上呼吸道感染的症状多种多样，常见症状为鼻塞、流涕、打喷嚏、咳嗽、发热，稍大一点的儿童会咽部不适或咽痛；一些患儿还出现腹痛、恶心、呕吐、腹泻等消化道症状，称为胃肠型感冒。

一般类型上呼吸道感染的轻症可仅有局部症状，下列3种情况要引起重视：

（1）重症。多见于婴幼儿，起病急，其发病特点为：发热程度与局部体征不对称，即局部症状较轻，全身症状重，表现为高热、烦躁不安、乏力、厌食等，局部仅为咽部充血或充血不明显，或扁桃体肿大也不明

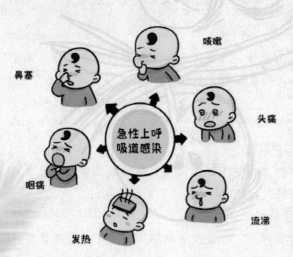

显；扁桃体表面可见淡白色分泌物，而细菌性扁桃体炎常呈鲜牛肉样红色，隐窝有点状黄白色分泌物；患儿的咽部常见针尖大小晶莹发亮的小点，可能为咽部淋巴滤泡增生所致；白细胞计数正常或偏低。

（2）疱疹性咽峡炎。疱疹性咽峡炎以1～7岁儿童发病多见，起病比较急，出现急剧的发热，一般以低热或中度发热为主，也可以出现高热，达到40℃以上，甚至引起惊厥，咽喉痛、头痛、拒食、流涎、呕吐，咽部充血明显，在咽、软腭、悬雍垂黏膜上可见多个1～4 mm大小的灰白色疱疹，周围有红晕，1～2天后，疱疹破溃为浅溃疡，一般几天内愈合，病程1周左右。

（3）咽结膜炎。以发热、咽炎、单眼或双眼的急性滤泡性结膜炎三联症为特征。发病时患儿感到全身不适、乏力，继而体温升高，可达38.5～40℃；头痛、咽痛、咽部充血，颌下及颈部淋巴结肿大；眼睛表现为急性滤泡性结膜炎，从单眼发展到双眼。病程一般7～10天。

上呼吸道感染的治疗原则主要是对症支持治疗，预防出现并发症。轻症患儿一般仅需要口服抗感冒药，能缓解上呼吸道感染引起的发热、头痛、四肢酸痛、打喷嚏、流鼻涕、鼻塞、咽痛等症状；要加强营养，多喝开水，注意保暖，一般3～5天就可痊愈。对重症、疱疹性咽峡炎、咽结膜炎等高热患儿应及时送医治疗。

上呼吸道感染的预防关键是增强儿童体质。家长平时应注重儿童的身体锻炼，经常带其到户外运动，多晒太阳，提高对外界气温变化的适应能力；居室经常开窗通风，保持室内空气流通；家庭成员患感冒时，应注意与儿童隔离，感冒流行季节避免儿童到人员密集拥挤的公共场所；日常注意加强儿童营养，多进食蔬菜、水果，保证日常膳食的营养均衡。

2. 小儿肺炎

小儿肺炎是婴幼儿期的常见病，以冬春季和夏秋季多见，是我国住院婴幼儿死亡的首要原因，对婴幼儿健康构成严重威胁，被国家卫生健康委员会列为小儿四病防治之一的疾病。

小儿肺炎是由不同病原体感染或其他因素如吸入羊水、油类和过敏反应等所引起的肺部炎症，主要临床表现为发热、咳嗽、呼吸急促、呼吸困难以及肺部出现啰音等。小儿肺炎重症患者还可影响到循环、神经及消化等系统，出现相应的临床症状。

根据病原体致病原因，小儿肺炎可分为：细菌性肺炎（由肺炎链球菌、流感嗜血杆菌、金黄色葡萄球菌、军团菌等引起)、病毒性肺炎(呼吸道合胞病毒占首位,其他如腺病毒、流感病毒、麻疹病毒、肠道病毒等引起)、支原体肺炎(由肺炎支原体引起)、衣原体肺炎(由沙眼衣原体、肺炎衣原体引起)、真菌性肺炎(由白念珠菌、曲霉菌、肺孢子菌等引起),以及非感染病因引起的肺炎(如吸入性肺炎、过敏性肺炎)等。

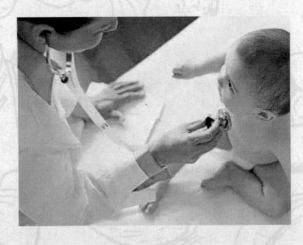

小儿肺炎一般起病较急,有发热、食欲缺乏、腹泻等全身症状。较小的婴儿常见拒食、呛奶、呕吐、呼吸困难等。早期体温一般为38～39℃,亦可高达40℃。

开始为频繁的刺激性干咳,随后咽喉部出现痰鸣音,咳嗽剧烈时可伴有呕吐、呛奶。病情较重的表现为呼吸增快,鼻翼翕动,部分患儿口唇、鼻唇沟及指甲可有轻度发绀,患儿表现烦躁不安或精神萎靡,甚至出现惊厥、昏迷、呼吸不规则,直至出现心力衰竭症状:心率突然增快至180次/分以上,呼吸突然加快超过60次/分,患儿表现极度烦躁不安,嘴唇明显发绀,面色灰白,呼吸困难进一步加重等。

实验室检查和胸部X线检查有助于小儿肺炎的病原学检查和明确诊断,为进一步治疗提供依据。

小儿肺炎患者应及时送医。一般轻症病例大多在1～2周内治愈;重症病例则要根据病原体类型、患儿机体免疫状况,以及有无并存的其他疾病等情况评估预后。

预防小儿肺炎,日常要加强婴幼儿营养,注意加强身体锻炼,多进行户外活动,气温变化大时注意适当增减儿童衣服;预防上呼吸道感染及呼吸道传染病,家里有人患感冒时,不要与儿童接触,有呼吸道传染病流行时,不要带小儿去公共场所;开展疫苗预防接种,如13价肺炎球菌多糖结合疫苗(预防肺炎链球菌引起的菌血症性肺炎、脑膜炎、败血症和菌血症等,接种对象为6周龄至15月龄婴幼儿)、23价肺炎球菌多糖疫苗(对由23种最常见血清型引起的肺炎球菌感染性疾病产生保护,包括肺炎、脑膜炎、中耳炎和菌血症等;接种对象为2岁以上的易感人群)、b型流感嗜血杆菌结合疫苗（预防 b 型流感嗜血杆菌引起的感染性疾病，如肺炎、脑膜炎、败血症、蜂窝组织炎、关节炎、会厌炎等，接种对象为 2 月龄以上的婴幼儿）和流感疫苗，预防流行性感冒（肺炎是流行性感冒的常见并发症），适用于 6 ~ 35 月龄婴幼儿的接种。

3. 婴幼儿腹泻

婴幼儿腹泻是婴幼儿期的一组由多病原、多因素引起的胃肠道功能紊乱，以大便次数增多、大便性状改变的消化道综合征，是我国婴幼儿最常见的疾病之一，被国家卫生健康委员会列为小儿四病防治之一的疾病。

婴幼儿腹泻以夏秋季节发病率最高。导致婴幼儿腹泻的主要病因是婴幼儿消化系统发育不够成熟，不能适应食物转换带来的食物改变和数量变化；尚未建立或完善正常的肠道菌群，食物的改变、滥用广谱抗生素等都可使肠道正常菌群失调而致肠道感染；胃肠消化和免疫功能不完善，既可能肠道感染，也存在食物过敏性腹泻等。

婴幼儿腹泻主要表现为排便次数增多、排稀便，有时有少量水，呈黄色或黄绿色，混有少量黏液；偶有呕吐或溢乳，食欲减退，体温正常或偶有低热，面色稍苍白，精神尚好，体重不增或稍降。重型腹泻每日大便次数较多，大便中水分增多，偶有黏液，呈黄或黄绿色，有腥臭味；患儿食欲低下，常伴呕吐，多有不规则低热甚至高热，体重迅速降低，明显消瘦，如不及时补液，脱水、酸中毒逐渐加重。少数重症起病急，高热达 39 ~ 40℃，频繁地呕吐、泻水样便，迅速出现水和电解质紊乱的症状，脱水患儿较快的消瘦、体重减轻，精神萎靡，皮肤苍白甚至发灰、弹性差，前囟和眼窝下陷，黏膜干燥，腹部凹陷，血压降低和尿量减少。

临床上称病程连续在 2 周以内的腹泻为急性腹泻，病程 2 周至 2 个月的为迁延性腹泻，病程 2 个月以上的为慢性腹泻、难治性腹泻。

婴幼儿腹泻如送医及时，治疗得当，一般效果良好。但不及时治疗以至发生严重的水电解质紊乱等并发症，或迁延为慢性腹泻，会给婴幼儿营养和生长发育带来严重影响。

　　婴幼儿腹泻的预防，主要是坚持母乳喂养，满6月龄添加辅食后注意合理喂养；养成良好的卫生习惯，注意饮食卫生和奶具、食具的消毒，注意婴幼儿玩玩具后、吃辅食前洗手；避免长期盲目给婴幼儿滥用广谱抗生素；避免与腹泻患儿接触；开展疫苗预防接种，如口服轮状病毒活疫苗（预防婴幼儿A群轮状病毒引起的腹泻，用于2个月至3岁婴幼儿）、重组B亚单位或菌体霍乱疫苗（肠溶胶囊，预防霍乱弧菌和产毒性大肠杆菌引起的腹泻，用于2岁或2岁以上的儿童、青少年和有接触或传播危险的成人）。

　　4. 缺铁性贫血

　　缺铁性贫血是机体铁缺乏致使血红蛋白合成减少而发生的一种小细胞低色素性贫血，以婴幼儿发病率最高，严重危害婴幼儿身体健康，被国家卫生健康委员会列为小儿四病防治之一的疾病。

　　孕母严重缺铁可致胎儿储铁先天不足，加上母乳、牛乳中含铁量不高，若添加辅食时又不注意及时添加含铁丰富的食物，增加了缺铁的隐患，容易导致缺铁性贫血的发生。随着婴儿期生长第一高峰的到来，机体对铁的需求量大为增加，而此期膳食铁又未及时足量摄入，若同时又存在影响铁吸收的其他因素（如膳食缺少富含维生素C的食物影响铁吸收，慢性腹泻影响铁吸收并致铁排泄增加），就会加剧机体缺铁的状况。此外，胃肠道畸形、息肉、钩虫病等可致慢性失血，饮用未经煮沸的鲜牛乳可出现过敏而致肠道出血，长期慢性失血也可导致缺铁。

　　缺铁性贫血发病多在6个月至3岁之间，大多起病缓慢，常见症状为皮肤黏膜苍白，以口唇、口腔黏膜、甲床最为明显，乏力、少动、注意力不集中等。同时，还可因缺铁而降低许多含铁酶的生物活性，进而影响细胞代谢功能，出现一系列非血液系统的表现。比如常出现肝、脾轻度肿大，且年龄越小、贫血越严重、病程越久，此症状越明显，但很少出现超过中度的肿大；消化系统方面表现为食欲减退、异食癖（如食灶泥、泥土等）、口腔炎、舌炎、呕吐、腹泻等；在神经系统方面出现烦躁不安，对周围环境不感兴趣。注意力不集中，理解力降低，反应慢；贫血症状明显时，还可出现心率增快，严重者心脏扩大，甚至有发生心力衰竭的可能。实验室检查和辅助检查有助于作出明确的诊断。

根据血红蛋白（Hb）含量，缺铁性贫血可以分为轻度（Hb值 $90 \sim 109$ g/L）、中度（Hb值 $60 \sim 89$ g/L）、重度（Hb值 <60 g/L）。

当地健康检查机构或家长发现孩子的异常表现和临床症状，在明确诊断后应及时送医治疗。一般经用铁剂治疗后能够得到痊愈，预后良好。后续若能改善喂养，去除病因，基本很少复发。但对于治疗不及时的患儿，贫血虽然痊愈，其生长发育和智力发育都可能会受到一定的影响。

缺铁性贫血的预防还是要从开展社会宣传着手，普及婴幼儿缺铁知识，使广大家长认识到缺铁对婴幼儿的危害性，共同做好预防工作：①《中国孕妇、乳母膳食指南》提出，孕妇孕期应常吃含铁丰富的食物，从孕中期开始应增加膳食铁的摄入量，以满足胎儿铁储备的需要；②坚持母乳喂养，早产儿和低出生体重婴儿应从 4 周龄开始补铁，足月婴儿应从 4 月龄开始补铁，人工喂养的婴儿应使用铁强化配方奶；③满 6 月龄应首先添加富含铁的辅食，并根据婴儿需要，逐渐添加维生素 C 含量丰富的新鲜蔬菜和水果，促进膳食铁的吸收；④注意病因防治，有寄生虫感染的应进行驱虫治疗；⑤家长应重视孩子的定期健康检查，及时发现健康隐患，保障孩童健康成长。

5. 手足口病

手足口病是近几年来儿童少数几个传染病中严重危害其身体健康的传染病，传播范围广，社会影响大，必须积极防控，保障儿童身体健康。

（1）概况。每年 $4 \sim 7$ 月与 $10 \sim 11$ 月是手足口病的季节性流行高峰期；5 岁以下的儿

童容易发病，年龄偏小的儿童容易出现重症；病原体以柯萨奇病毒 A 组 16型和肠道病毒 71 型最为常见；近年来由于肠道病毒 71 型疫苗的推广接种，各地由肠道病毒 71 型引起的手足口病重症病例数量逐年下降，避免了重症病例引起的死亡。

（2）传播途径。肠道病毒的传播途径主要经由消化道或呼吸道传播，也可通过密切接触患者皮肤上的水疱和分泌物传染，密切接触是手足口病重要的传播方式，通过接触被病毒污染的手、毛巾、手绢、牙杯、玩具、食具、奶具以及床上用品、内衣等引起感染。比如家人从外面将病毒带回家，通过接触或飞沫使婴幼儿感染；婴幼儿接触到无症状带病毒的家人的口鼻分泌物；在托幼机构，玩具往往成为婴幼儿疾病传播的媒介，尤其是毛绒玩具更容易储存大量病毒，婴幼儿玩后不洗手就容易病从口入；吃入被含病毒的粪便污染的食物或饮用水而受传染。

肠道病毒在家庭中有很高的传播力，在人群密集的地方，也较容易发生传播。肠道排出病毒的时间可以持续数周之久，发病后的一周内肠道病毒的传染力最高。

（3）临床症状。婴幼儿感染肠道病毒后，症状表现轻重不一，有很多可以没有症状，有些婴幼儿则有发热或类似一般感冒的症状，部分病例仅表现为皮疹或疱疹性咽峡炎。一般表现为低热，有呼吸道症状，在手指、足部、膝部和臀部周围出现稍微隆起的红疹，疹子的顶端大多有小水疱，口腔也会有溃疡。而重症病例则表现为病情危重，少数病情凶险，迅速恶化，可引起心肌炎、肺水肿、无菌性脑膜炎，以及循环障碍等，可致死亡。

如果已经确诊婴幼儿患手足口病在家护理治疗，发现下述情况，必须立即送医。

①体温超过 38.5℃，剧烈头痛、呕吐、面色苍白、哭闹不安或嗜睡的；

②精神萎靡或出现不寻常嗜睡的；

③持续发热、呼吸急促、心跳加快、烦躁不安、全身疲软的；

④呕吐增多，甚至持续呕吐或呈现喷射样呕吐的；

⑤肌肉抽搐痉挛或颈部及肢体僵硬、意识模糊或昏迷的。

（4）居家护理。手足口病是病毒引起的传染病，目前没有特效治疗方法，主要是对症治疗和护理为主。婴幼儿患了手足口病，症状轻的以居家护理为主。

①消毒隔离。患儿一般需要卧床休息，隔离 2 周，不能与其他儿童接触，直到热度、皮疹消退和水疱结痂。婴幼儿用过的物品要彻底消毒，可

在当地防保人员指导下用含氯消毒液浸泡，不宜浸泡的物品可放在日光下曝晒。

②婴幼儿的房间要定期开窗通风，保持空气新鲜、流通，温度适宜。有条件的家庭每天可用乳酸熏蒸进行空气消毒。减少人员进出婴幼儿房间，禁止在婴幼儿房间内吸烟，避免空气污浊，防止继发感染。

③加强营养。患儿因发热、口腔疱疹，胃口较差，不愿进食，宜给婴幼儿吃清淡、营养、可口、易消化、柔软的流质或半流质，禁食冰冷、辛辣、过咸等刺激性食物。如果在夏季得病，婴幼儿容易引起脱水和电解质紊乱，需要适当补水。

④注意观察。家长要注意观察病情变化，及时对症处理。要定时测量婴幼儿的体温、脉搏、呼吸。体温在 37.5 ～ 38.5℃ 之间的婴幼儿，要给予散热，多喝温开水。

⑤口腔护理。婴幼儿会因口腔疼痛而拒食、流涎、哭闹不眠等，要保持婴幼儿口腔清洁，饭前饭后用生理盐水漱口，对不会漱口的婴幼儿，可以用棉棒蘸生理盐水轻轻地清洁口腔。可将维生素 B_2 粉剂直接涂于口腔糜烂部位，或涂鱼肝油，亦可口服维生素 B_2、维生素 C，辅以超声雾化吸入，以减轻疼痛，促使糜烂早日愈合，预防细菌继发感染。

⑥皮疹护理。婴幼儿衣服、被褥要清洁，衣着要舒适、柔软，经常更换；剪短婴幼儿的指甲，必要时包裹婴幼儿双手，防止抓破皮疹；臀部有皮疹的婴幼儿，应随时清理大小便，保持臀部清洁干燥；手足部皮疹初期可涂炉甘石洗剂，待有疱疹形成或疱疹破溃时可涂 0.5% 碘伏；注意保持皮肤清洁，防止感染，如有感染应送医处理。

（5）预防。

①手足口病的防治，预防是关键。家长、学校、医疗机构和全社会都要重视对手足口病危害性的认识。因为手足口病在病程初期仅表现类似感冒症状，如发热、咽痛等，而口腔溃疡往往会误诊为单纯性的口腔炎。因此，家长在手足口病流行期间如果发现婴幼儿有发热、皮疹或口腔溃疡的症状，不能再送托儿所、幼儿园，而应及时送医院就诊，以免延误病情。轻症患儿可以居家隔离护理，避免与其他儿童接触。

②预防病从口入关。彻底处理好孩子的粪、尿排泄物，防止粪便、口鼻分泌物污染食物和饮用水，尿布要洗净消毒再用，孩子的奶瓶、食具也要消毒后再使用，不让孩子随便吃不可靠的食品。

③养成卫生习惯。教育婴幼儿自幼养成玩玩具和游戏后、饭前、便后用

洗手液或肥皂洗手的卫生习惯（家长也要做好手部清洁工作，特别是在接触孩子之前），改掉吮手指的不良习惯，远离垃圾及不清洁环境。

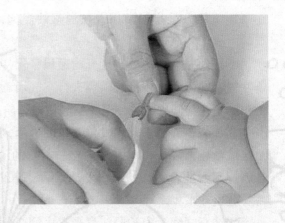

④强化环境卫生。对幼托机构的环境及玩具、公共游泳池等通过卫生防疫部门指导严格消毒处理；注意粪便无害化处理，严防污染饮用水。

⑤推广疫苗接种。对6月龄至3岁的婴幼儿推广肠道病毒71型灭活疫苗的接种，预防肠道病毒71型感染所致的手足口病。

⑥防范聚集性疫情。手足口病在学校、托幼机构等集体单位出现聚集性疫情的风险较高，流行季节必须高度警惕。学校、托幼机构在手足口病流行季节要加强晨检工作，注意观察儿童的身体状况，如发现小朋友发热，手、足、口等部位出现疱疹，应及时通知家长送医院就医，并报告当地疾病预防控制机构；要经常保持教室等场所良好通风；对玩具、个人卫生用具、门把手、楼梯扶手、桌面等物体表面和餐具、水杯定期清洗消毒，患儿所用的物品要立即进行消毒处理，衣物、床上用品可置阳光下曝晒；班级发病人数多的话，要迅速向当地疾控机构报告，通过评估判断是否需要停课。

第三部分 附 录

附录一 5 岁以下儿童生长状况判定（WS 423—2013）

ICS 11.020
C 55

中华人民共和国卫生行业标准

WS 423—2013

5 岁以下儿童生长状况判定

Assessment for growth status of children under 5 years of age

2013-04-18 发布   2013-10-01 实施

中华人民共和国国家卫生和计划生育委员会   发布

前　言

本标准全文强制。

本标准按照 GB/T 1.1—2009 给出的规则起草。

本标准主要起草单位：中国疾病预防控制中心营养与食品安全所、首都儿科研究所、南京医科大学、北京大学、北京儿童医院、哈尔滨医科大学、四川大学、浙江省医学科学院。

本标准主要起草人：荫士安、李辉、汪之顼、马军、张峰、孙长颢、曾果、王茵、赖建强、杨振宇、王杰、潘丽莉、段一凡。

5 岁以下儿童生长状况判定

1 范围

本标准规定了 5 岁以下儿童生长状况的判定指标和方法。

本标准适用于 5 岁以下儿童生长状况的群体评价和判定，对于早产儿和低出生体重儿则需要考虑其他相关因素进行综合判定。

2 规范性引用文件

下列文件对于本文件的应用是必不可少的。凡是注日期的引用文件，仅注日期的版本适用于本文件。凡是不注日期的引用文件，其最新版本（包括所有的修改单）适用于本文件。

WS/T 424 人群健康监测人体测量方法

3 术语和定义

下列术语和定义适用于本文件。

3.1 5 岁以下儿童 children under 5 years of age

从出生到未满 5 周岁（＜ 60 月龄）之间的人。

3.2 Z 评分 Z score

实测值与参考人群中位数之间的差值和参考人群标准差相比，所得比值就是 Z 评分。参考人群数据直接引用世界卫生组织 2006 年生长标准。

3.3 年龄别身高 / 身长 Z 评分 height/length for age Z score；HAZ/LAZ

儿童身高 / 身长实测值与同年龄同性别参考儿童身高 / 身长中位数之间的差值和参考人群标准差相比，所得比值就是年龄别身高 / 身长 Z 评分。

3.4 年龄别体重 Z 评分 weight for age Z score；WAZ

儿童体重实测值与同年龄同性别参考儿童体重中位数之间的差值和同年龄同性别参考儿童体重标准差相比，所得比值就是年龄别体重 Z 评分。

3.5 身高 / 身长别体重 Z 评分 weight for height/length Z score；WHZ/WLZ

儿童体重实测值与同性别同身高 / 身长儿童体重中位数之间的差值和同性别同身高 / 身长儿童体重标准差相比，所得比值就是身高 / 身长别体重 Z评分。

3.6 体重指数 body weight index；BMI

体质指数

一种计算身高别体重的指数，计算方法是体重（kg）和身高（m）的平方的比值。

3.7 年龄别 BMI Z 评分 BMI for age Z score； BMIZ

儿童 BMI 计算值与同年龄同性别儿童 BMI 中位数之间的差值和同年龄同性别儿童 BMI 标准差相比，所得比值就是年龄别 BMI Z 评分。

4 生长状况判定

引用世界卫生组织 2006 年生长标准数值（附录 A），按照表 1 进行判定。

表 1 5 岁以下儿童生长状况判定的 Z 评分界值

Z 评分	年龄别身高 / 身长 Z 评分	年龄别体重 Z 评分	身高 / 身长别 体重 Z 评分	年龄别 BMI Z 评分
>3			肥胖	肥胖
>2			超重	超重
<-2	生长迟缓	低体重	消瘦	消瘦
<-3	重度生长迟缓	重度低体重	重度消瘦	重度消瘦

5 儿童身长、身高和体重的测量方法

参照 WS/T 424。

附录 A （资料性附录）
世界卫生组织 2006 年生长标准数值

5 岁以下儿童生长状况判定依据表 A.1 ～表 A.10。

表 A.1　0 ～ 24 月龄（0 ～ 2 岁）女孩的年龄别身长 Z 评分

单位为厘米

年龄	Z 评分						
	-3	-2	-1	0	+1	+2	+3
0 周	43.6	45.4	47.3	49.1	51.0	52.9	54.7
1 周	44.7	46.6	48.4	50.3	52.2	54.1	56.0
2 周	45.8	47.7	49.6	51.5	53.4	55.3	57.2
3 周	46.7	48.6	50.5	52.5	54.4	56.3	58.2
4 周	47.5	49.5	51.4	53.4	55.3	57.3	59.2
1 月	47.8	49.8	51.7	53.7	55.6	57.6	59.5
5 周	48.3	50.3	52.3	54.2	56.2	58.2	60.1
6 周	49.1	51.1	53.1	55.1	57.1	59.0	61.0
7 周	49.8	51.8	53.8	55.8	57.8	59.9	61.9
8 周	50.5	52.5	54.6	56.6	58.6	60.6	62.6
2 月	51.0	53.0	55.0	57.1	59.1	61.1	63.2
9 周	51.2	53.2	55.2	57.3	59.3	61.4	63.4
10 周	51.8	53.8	55.9	57.9	60.0	62.1	64.1
11 周	52.4	54.4	56.5	58.6	60.7	62.7	64.8
12 周	52.9	55.0	57.1	59.2	61.3	63.4	65.5
13 周	53.5	55.6	57.7	59.8	61.9	64.0	66.1
3 月	53.5	55.6	57.7	59.8	61.9	64.0	66.1
4 月	55.6	57.8	59.9	62.1	64.3	66.4	68.6
5 月	57.4	59.6	61.8	64.0	66.2	68.5	70.7
6 月	58.9	61.2	63.5	65.7	68.0	70.3	72.5
7 月	60.3	62.7	65.0	67.3	69.6	71.9	74.2
8 月	61.7	64.0	66.4	68.7	71.1	73.5	75.8
9 月	62.9	65.3	67.7	70.1	72.6	75.0	77.4
10 月	64.1	66.5	69.0	71.5	73.9	76.4	78.9
11 月	65.2	67.7	70.3	72.8	75.3	77.8	80.3
12 月	66.3	68.9	71.4	74.0	76.6	79.2	81.7
13 月	67.3	70.0	72.6	75.2	77.8	80.5	83.1
14 月	68.3	71.0	73.7	76.4	79.1	81.7	84.4
15 月	69.3	72.0	74.8	77.5	80.2	83.0	85.7
16 月	70.2	73.0	75.8	78.6	81.4	84.2	87.0
17 月	71.1	74.0	76.8	79.7	82.5	85.4	88.2

年龄	Z 评分						
	−3	−2	−1	0	+1	+2	+3
18 月	72.0	74.9	77.8	80.7	83.6	86.5	89.4
19 月	72.8	75.8	78.8	81.7	84.7	87.6	90.6
20 月	73.7	76.7	79.7	82.7	85.7	88.7	91.7
21 月	74.5	77.5	80.6	83.7	86.7	89.8	92.9
22 月	75.2	78.4	81.5	84.6	87.7	90.8	94.0
23 月	76.0	79.2	82.3	85.5	88.7	91.9	95.0
< 24 月	76.7	80.0	83.2	86.4	89.6	92.9	96.1

注：0 ～ 24 月龄是指不满 24 月龄；本标准 3 月龄以下按周表示，3-60 月龄按月表示，24 ～ 60 月龄指不满 60 月龄。

表 A.2　24 ～ 60 月龄（2 ～ 5 岁）女孩的年龄别身高 Z 评分

单位为厘米

年龄	Z 评分						
	−3	−2	−1	0	+1	+2	+3
24 月	76.0	79.3	82.5	85.7	88.9	92.2	95.4
25 月	76.8	80.0	83.3	86.6	89.9	93.1	96.4
26 月	77.5	80.8	84.1	87.4	90.8	94.1	97.4
27 月	78.1	81.5	84.9	88.3	91.7	950	98.4
28 月	78.8	82.2	85.7	89.1	92.5	96.0	99.4
29 月	79.5	82.9	86.4	89.9	93.4	96.9	100.3
30 月	80.1	83.6	87.1	90.7	94.2	97.7	101.3
31 月	80.7	84.3	87.9	91.4	95.0	98.6	102.2
32 月	81.3	84.9	88.6	92.2	95.8	99.4	103.1
33 月	81.9	85.6	89.3	92.9	96.6	100.3	103.9
34 月	82.5	86.2	89.9	93.6	97.4	101.1	104.8
35 月	83.1	86.8	90.6	94.4	98.1	101.9	105.6
36 月	83.6	87.4	91.2	95.1	98.9	102.7	106.5
37 月	84.2	88.0	91.9	95.7	99.6	103.4	107.3
38 月	84.7	88.6	92.5	96.4	100.3	104.2	108.1
39 月	85.3	89.2	93.1	97.1	101.0	105.0	108.9
40 月	85.8	89.8	93.8	97.7	101.7	105.7	109.7
41 月	86.3	90.4	94.4	98.4	102.4	106.4	110.5
42 月	86.8	90.9	95.0	99.0	103.1	107.2	111.2
43 月	87.4	91.5	95.6	99.7	103.8	107.9	112.0
44 月	87.9	92.0	96.2	100.3	104.5	108.6	112.7
45 月	88.4	92.5	96.7	100.9	105.1	109.3	113.5
46 月	88.9	93.1	97.3	101.5	105.8	110.0	114.2

年龄	Z评分						
	−3	−2	−1	0	+1	+2	+3
47 月	89.3	93.6	97.9	102.1	106.4	110.7	114.9
48 月	89.8	94.1	98.4	102.7	107.0	111.3	115.7
49 月	90.3	94.6	99.0	103.3	107.7	112.0	116.4
50 月	90.7	95.1	99.5	103.9	108.3	112.7	117.1
51 月	91.2	95.6	100.1	104.5	108.9	113.3	117.7
52 月	91.7	96.1	100.6	105.0	109.5	114.0	118.4
53 月	92.1	96.6	101.1	105.6	110.1	114.6	119.1
54 月	92.6	97.1	101.6	106.2	110.7	115.2	119.8
55 月	93.0	97.6	102.2	106.7	111.3	115.9	120.4
56 月	93.4	98.1	102.7	107.3	111.9	116.5	121.1
57 月	93.9	98.5	103.2	107.8	112.5	117.1	121.8
58 月	94.3	99.0	103.7	108.4	113.0	117.7	122.4
59 月	94.7	99.5	104.2	108.9	113.6	118.3	123.1
＜ 60 月	95.2	99.9	104.7	109.4	114.2	118.9	123.7

表A.3 0～24月龄（0～2岁）男孩的年龄别身长Z评分

单位为厘米

年龄	Z评分						
	−3	−2	−1	0	+1	+2	+3
0 周	44.2	46.1	48.0	49.9	51.8	53.7	55.6
1 周	45.4	47.3	49.2	51.1	53.0	54.9	56.8
2 周	46.6	48.5	50.4	52.3	54.3	56.2	58.1
3 周	47.6	49.5	51.5	53.4	55.3	57.2	59.2
4 周	48.6	50.5	52.4	54.4	56.3	58.3	60.2
1 月	48.9	50.8	52.8	54.7	56.7	58.6	60.6
5 周	49.5	51.4	53.4	55.3	57.3	59.2	61.2
6 周	50.3	52.3	54.3	56.2	58.2	60.2	62.1
7 周	51.1	53.1	55.1	57.1	59.1	61.0	63.0
8 周	51.9	53.9	55.9	57.9	59.9	61.9	63.9
2 月	52.4	54.4	56.4	58.4	60.4	62.4	64.4
9 周	52.6	54.6	56.6	58.7	60.7	62.7	64.7
10 周	53.3	55.4	57.4	59.4	61.4	63.4	65.4
11 周	54.0	56.0	58.1	60.1	62.1	64.1	66.2
12 周	54.7	56.7	58.7	60.8	62.8	64.8	66.9
13 周	55.3	57.3	59.4	61.4	63.4	65.5	67.5
3 月	55.3	57.3	59.4	61.4	63.5	65.5	67.6
4 月	57.6	59.7	61.8	63.9	66.0	68.0	70.1
5 月	59.6	61.7	63.8	65.9	68.0	70.1	72.2

年龄	Z 评分						
	−3	−2	−1	0	+1	+2	+3
6 月	61.2	63.3	65.5	67.6	69.8	71.9	74.0
7 月	62.7	64.8	67.0	69.2	71.3	73.5	75.7
8 月	64.0	66.2	68.4	70.6	72.8	75.0	77.2
9 月	65.2	67.5	69.7	72.0	74.2	76.5	78.7
10 月	66.4	68.7	71.0	73.3	75.6	77.9	80.1
11 月	67.6	69.9	72.2	74.5	76.9	79.2	81.5
12 月	68.6	71.0	73.4	75.7	78.1	80.5	82.9
13 月	69.6	72.1	74.5	76.9	79.3	81.8	84.2
14 月	70.6	73.1	75.6	78.0	80.5	83.0	85.5
15 月	71.6	74.1	76.6	79.1	81.7	84.2	86.7
16 月	72.5	75.0	77.6	80.2	82.8	85.4	88.0
17 月	73.3	76.0	78.6	81.2	83.9	86.5	89.2
18 月	74.2	76.9	79.6	82.3	85.0	87.7	90.4
19 月	75.0	77.7	80.5	83 2	86.0	88.8	91.5
20 月	75.8	78.6	81.4	84.2	87.0	89.8	92.6
21 月	76.5	79.4	82.3	85.1	88.0	90.9	93.8
22 月	77.2	80.2	83.1	86.0	89.0	91.9	94.9
23 月	78.0	81.0	83.9	86.9	89.9	92.9	95.9
< 24 月	78.7	81.7	84.8	87.8	90.9	93.9	97.0

表 A.4　24 ～ 60 月龄（2 ～ 5 岁）男孩的年龄别身高 Z 评分

单位为厘米

年龄	Z 评分						
	−3	−2	−1	0	+1	+2	+3
24 月	78.0	81.0	84.1	87.1	90.2	93.2	96.3
25 月	78.6	81.7	84.9	88.0	91.1	94.2	97.3
26 月	79.3	82.5	85.6	88.8	92.0	95.2	98.3
27 月	79.9	83.1	86.4	89.6	92.9	96.1	99.3
28 月	80.5	83.8	87.1	90.4	93.7	97.0	100.3
29 月	81.1	84.5	87.8	91.2	94.5	97.9	101.2
30 月	81.7	85.1	88.5	91.9	95.3	98.7	102.1
31 月	82.3	85.7	89.2	92.7	96.1	99.6	103.0
32 月	82.8	86.4	89.9	93.4	96.9	100.4	103.9
33 月	83.4	86.9	90.5	94.1	97.6	101.2	104.8
34 月	83.9	87.5	91.1	94.8	98.4	102.0	105.6
35 月	84.4	88.1	91.8	95.4	99.1	102.7	106.4
36 月	85.0	88.7	92.4	96.1	99.8	103.5	107.2
37 月	85.5	89.2	93.0	96.7	100.5	104.2	108.0

续表

年龄	Z 评分						
	−3	−2	−1	0	+1	+2	+3
38 月	86.0	89.8	93.6	97.4	101.2	105.0	108.8
39 月	86.5	90.3	94.2	98.0	101.8	105.7	109.5
40 月	87.0	90.9	94.7	98.6	102.5	106.4	110.3
41 月	87.5	91.4	95.3	99.2	103.2	107.1	111.0
42 月	88.0	91.9	95.9	99.9	103.8	107.8	111.7
43 月	88.4	92.4	96.4	100.4	104.5	108.5	112.5
44 月	88.9	93.0	97.0	101.0	105.1	109.1	113.2
45 月	89.4	93.5	97.5	101.6	105.7	109.8	113.9
46 月	89.8	94.0	98.1	102.2	106.3	110.4	114.6
47 月	90.3	94.4	98.6	102.8	106.9	111.1	115.2
48 月	90.7	94.9	99.1	103.3	107.5	111.7	115.9
49 月	91.2	95.4	99.7	103.9	108.1	112.4	116.6
50 月	91.6	95.9	100.2	104.4	108.7	113.0	117.3
51 月	92.1	96.4	100.7	105.0	109.3	113.6	117.9
52 月	92.5	96.9	101.2	105.6	109.9	114.2	118.6
53 月	93.0	97.4	101.7	106.1	110.5	114.9	119.2
54 月	93.4	97.8	102.3	106.7	111.1	115.5	119.9
55 月	93.9	98.3	102.8	107.2	111.7	116.1	120.6
56 月	94.3	98.8	103.3	107.8	112.3	116.7	121.2
57 月	94.7	99.3	103.8	108.3	112.8	117.4	121.9
58 月	95.2	99.7	104.3	108.9	113.4	118.0	122.6
59 月	95.6	100.2	104.8	109.4	114.0	118.6	123.2
< 60 月	96.1	100.7	105.3	110.0	114.6	119.2	123.9

表 A.5 0～60 月龄（0～5 岁）女孩的年龄别体重 Z 评分

单位为千克

年龄	Z 评分						
	−3	−2	−1	0	+1	+2	+3
0 周	2.0	2.4	2.8	3.2	3.7	4.2	4.8
1 周	2.1	2.5	2.9	3.3	3.9	4.4	5.1
2 周	2.3	2.7	3.1	3.6	4.1	4.7	5.4
3 周	2.5	2.9	3.3	3.8	4.4	5.0	5.7
4 周	2.7	3.1	3.6	4.1	4.7	5.4	6.1
1 月	2.7	3.2	3.6	4.2	4.8	5.5	6.2
5 周	2.9	3.3	3.8	4.3	5.0	5.7	6.5
6 周	3.0	3.5	4.0	4.6	5.2	6.0	6.8
7 周	3.2	3.7	4.2	4.8	5.5	6.2	7.1
8 周	3.3	3.8	4.4	5.0	5.7	6.5	7.3

续表

年龄	Z评分						
	-3	-2	-1	0	+1	+2	+3
2月	3.4	3.9	4.5	5.1	5.8	6.6	7.5
9周	3.5	4.0	4.6	5.2	5.9	6.7	7.6
10周	3.6	4.1	4.7	5.4	6.1	6.9	7.8
11周	3.8	4.3	4.9	5.5	6.3	7.1	8.1
12周	3.9	4.4	5.0	5.7	6.5	7.3	8.3
13周	4.0	4.5	5.1	5.8	6.6	7.5	8.5
3月	4.0	4.5	5.2	5.8	6.6	7.5	8.5
4月	4.4	5.0	5.7	6.4	7.3	8.2	9.3
5月	4.8	5.4	6.1	6.9	7.8	8.8	10.0
6月	5.1	5.7	6.5	7.3	8.2	9.3	10.6
7月	5.3	6.0	6.8	7.6	8.6	9.8	11.1
8月	5.6	6.3	7.0	7.9	9.0	10.2	11.6
9月	5.8	6.5	7.3	8.2	9.3	10.5	12.0
10月	5.9	6.7	7.5	8.5	9.6	10.9	12.4
11月	6.1	6.9	7.7	8.7	9.9	11.2	12.8
12月	6.3	7.0	7.9	8.9	10.1	11.5	13.1
13月	6.4	7.2	8.1	9.2	10.4	11.8	13.5
14月	6.6	7.4	8.3	9.4	10.6	12.1	13.8
15月	6.7	7.6	8.5	9.6	10.9	12.4	14.1
16月	6.9	7.7	8.7	9.8	11.1	12.6	14.5
17月	7.0	7.9	8.9	10.0	11.4	12 9	14.8
18月	7.2	8.1	9.1	10.2	11.6	13.2	15.1
19月	7.3	8.2	9.2	10.4	11.8	13.5	15.4
20月	7.5	8.4	9.4	10.6	12.1	13.7	15.7
21月	7.6	8. 6	9.6	10.9	12.3	14.0	16.0
22月	7.8	8.7	9.8	11.1	12.5	14.3	16.4
23月	7.9	8.9	10.0	11.3	12.8	14.6	16.7
24月	8.1	9.0	10.2	11.5	13.0	14.8	17.0
25月	8.2	9.2	10.3	11.7	13.3	15.1	17.3
26月	8.4	9.4	10.5	11.9	13.5	15.4	17.7
27月	8.5	9.5	10.7	12.1	13.7	15.7	18.0
28月	8.6	9.7	10.9	12.3	14.0	16.0	18.3
29月	8.8	9.8	11.1	12.5	14.2	16.2	18.7
30月	8.9	10.0	11.2	12.7	14.4	16.5	19.0
31月	9.0	10.1	11.4	12.9	14.7	16.8	19.3
32月	9.1	10.3	11.6	13.1	14 9	17.1	19.6
33月	9.3	10.4	11.7	13.3	15.1	17.3	20.0
34月	9.4	10.5	11.9	13.5	15.4	17.6	20.3
35月	9.5	10.7	12.0	13.7	15.6	17.9	20.6
36月	9.6	10.8	12.2	13.9	15.8	18.1	20.9

续表

年龄	Z 评分						
	−3	−2	−1	0	+1	+2	+3
37 月	9.7	10.9	12.4	14.0	16.0	18.4	21.3
38 月	9.8	11.1	12.5	14.2	16.3	18.7	21.6
39 月	9.9	11.2	12.7	14.4	16.5	19.0	22.0
40 月	10.1	11.3	12.8	14.6	16.7	19.2	22.3
41 月	10.2	11.5	13.0	14.8	16.9	19.5	22.7
42 月	10.3	11.6	13.1	15.0	17.2	19.8	23.0
43 月	10.4	11.7	13.3	15.2	17.4	20.1	23.4
44 月	10.5	11.8	13.4	15.3	17.6	20.4	23.7
45 月	10.6	12.0	13.6	15.5	17.8	20.7	24.1
46 月	10.7	12.1	13.7	15.7	18.1	20.9	24.5
47 月	10.8	12.2	13.9	15.9	18.3	21.2	24.8
48 月	10.9	12.3	14.0	16.1	18.5	21.5	25.2
49 月	11.0	12.4	14.2	16.3	18.8	21.8	25.5
50 月	11.1	12.6	14.3	16.4	19.0	22.1	25.9
51 月	11.2	12.7	14.5	16.6	19.2	22.4	26.3
52 月	11.3	12.8	14.6	16.8	19.4	22.6	26.6
53 月	11.4	12.9	14.8	17.0	19.7	22.9	27.0
54 月	11.5	13.0	14.9	17.2	19.9	23.2	27.4
55 月	11.6	13.2	15.1	17.3	20.1	23.5	27.7
56 月	11.7	13.3	15.2	17.5	20.3	23.8	28.1
57 月	11.8	13.4	15.3	17.7	20.6	24.1	28.5
58 月	11.9	13.5	15.5	17.9	20.8	24.4	28.8
59 月	12.0	13.6	15.6	18.0	21.0	24.6	29.2
< 60 月	12.1	13.7	15.8	18.2	21.2	24.9	29.5

表 A.6 0～60 月龄（0～5 岁）男孩的年龄别体重 Z 评分

单位为千克

年龄	Z 评分						
	−3	−2	−1	0	+1	+2	+3
0 周	2.1	2.5	2.9	3.3	3.9	4.4	5.0
1 周	2.2	2.6	3.0	3.5	4.0	4.6	5.3
2 周	2.4	2.8	3.2	3.8	4.3	4.9	5.6
3 周	2.6	3.1	3.5	4.1	4.7	5.3	6.0
4 周	2.9	3.3	3.8	4.4	5.0	5.7	6.4
1 月	2.9	3.4	3.9	4.5	5.1	5.8	6.6
5 周	3.1	3.5	4.1	4.7	5.3	6.0	6.8
6 周	3.3	3.8	4.3	4.9	5.6	6.3	7.2

年龄	Z 评分						
	−3	−2	−1	0	+1	+2	+3
7 周	3.5	4.0	4.6	5.2	5.9	6.6	7.5
8 周	3.7	4.2	4.8	5.4	6.1	6.9	7.8
2 月	3.8	4.3	4.9	5.6	6.3	7.1	8.0
9 周	3.8	4.4	5.0	5.6	6.4	7.2	8.0
10 周	4.0	4.5	5.2	5.8	6.6	7.4	8.3
11 周	4.2	4.7	5.3	6.0	6.8	7.6	8.5
12 周	4.3	4.9	5.5	6.2	7.0	7.8	8.8
13 周	4.4	5.0	5.7	6.4	7.2	8.0	9.0
3 月	4.4	5.0	5.7	6.4	7.2	8.0	9.0
4 月	4.9	5.6	6.2	7.0	7.8	8.7	9.7
5 月	5.3	6.0	6.7	7.5	8.4	9.3	10.4
6 月	5.7	6.4	7.1	7.9	8.8	9.8	10.9
7 月	5.9	6.7	7.4	8.3	9.2	10.3	11.4
8 月	6.2	6.9	7.7	8.6	9.6	10.7	11.9
9 月	6.4	7.1	8.0	8.9	9.9	11.0	12.3
10 月	6.6	7.4	8.2	9.2	10.2	11.4	12.7
11 月	6.8	7.6	8.4	9.4	10.5	11.7	13.0
12 月	6.9	7.7	8.6	9.6	10.8	12.0	13.3
13 月	7 1	7.9	8.8	9.9	11.0	12.3	13.7
14 月	7.2	8.1	9.0	10.1	11.3	12.6	14.0
15 月	7.4	8.3	9.2	10.3	11.5	12.8	14.3
16 月	7.5	8.4	9.4	10.5	11.7	13.1	14.6
17 月	7.7	8.6	9.6	10.7	12.0	13.4	14.9
18 月	7.8	8.8	9.8	10.9	12.2	13.7	15.3
19 月	8.0	8.9	10.0	11.1	12.5	13.9	15.6
20 月	8.1	9.1	10.1	11.3	12.7	14.2	15.9
21 月	8.2	9.2	10.3	11.5	12.9	14.5	16.2
22 月	8.4	9.4	10.5	11.8	13.2	14.7	16.5
23 月	8.5	9.5	10.7	12.0	13.4	15.0	16.8
24 月	8.6	9.7	10.8	12.2	13.6	15.3	17.1
25 月	8.8	9.8	11.0	12.4	13.9	15.5	17.5
26 月	8.9	10.0	11.2	12.5	14.1	15.8	17.8
27 月	9.0	10.1	11.3	12.7	14.3	16.1	18.1
28 月	9.1	10.2	11.5	12.9	14.5	16.3	18.4
29 月	9.2	10.4	11.7	13.1	14.8	16.6	18.7
30 月	9.4	10.5	11.8	13.3	15.0	16.9	19.0
31 月	9.5	10.7	12.0	13.5	15.2	17.1	19.3
32 月	9.6	10.8	12.1	13.7	15.4	17.4	19.6
33 月	9.7	10.9	12.3	13.8	15.6	17.6	19.9
34 月	9.8	11.0	12.4	14.0	15.8	17.8	20.2

续表

年龄	Z 评分						
	-3	-2	-1	0	+1	+2	+3
35 月	9.9	11.2	12.6	14.2	16.0	18.1	20.4
36 月	10.0	11.3	12.7	14.3	16.2	18.3	20.7
37 月	10.1	11.4	12.9	14.5	16.4	18.6	21.0
38 月	10.2	11.5	13.0	14.7	16.6	18.8	21.3
39 月	10.3	11.6	13.1	14.8	16.8	19.0	21.6
40 月	10.4	11.8	13.3	15.0	17.0	19.3	21.9
41 月	10.5	11.9	13.4	15.2	17.2	19.5	22.1
42 月	10.6	12.0	13.6	15.3	17.4	19.7	22.4
43 月	10.7	12.1	13.7	15.5	17.6	20.0	22.7
44 月	10.8	12.2	13.8	15.7	17.8	20.2	23.0
45 月	10.9	12.4	14.0	15.8	18.0	20.5	23.3
46 月	11.0	12.5	14.1	16.0	18.2	20.7	23.6
47 月	11.1	12.6	14.3	16.2	18.4	20.9	23.9
48 月	11.2	12.7	14.4	16.3	18.6	21.2	24.2
49 月	11.3	12.8	14.5	16.5	18.8	21.4	24.5
50 月	11.4	12.9	14.7	16.7	19.0	21.7	24.8
51 月	11.5	13.1	14.8	16.8	19.2	21.9	25.1
52 月	11.6	13.2	15.0	17.0	19.4	22.2	25.4
53 月	11.7	13.3	15.1	17.2	19.6	22.4	25.7
54 月	11.8	13.4	15.2	17.3	19.8	22.7	26.0
55 月	11.9	13.5	15.4	17.5	20.0	22.9	26.3
56 月	12.0	13.6	15.5	17.7	20.2	23.2	26.6
57 月	12.1	13.7	15.6	17.8	20.4	23.4	26.9
58 月	12.2	13.8	15.8	18.0	20.6	23.7	27.2
59 月	12.3	14.0	15.9	18.2	20.8	23.9	27.6
< 60 月	12.4	14.1	16.0	18.3	21.0	24.2	27.9

表 A.7 0～2 岁女孩的身长别体重 Z 评分

单位为千克

身长 cm	Z 评分						
	-3	-2	-1	0	+1	+2	+3
45.0	1.9	2.1	2.3	2.5	2.7	3.0	3.3
45.5	2.0	2.1	2.3	2.5	2.8	3.1	3.4
46.0	2.0	2.2	2.4	2.6	2.9	3.2	3.5
46.5	2.1	2.3	2.5	2.7	3.0	3.3	3.6
47.0	2.2	2.4	2.6	2.8	3.1	3.4	3.7
47.5	2.2	2.4	2.6	2.9	3.2	3.5	3.8

续表

身长 cm	Z 评分						
	-3	-2	-1	0	+1	+2	+3
48.0	2.3	2.5	2.7	3.0	3.3	3.6	4.0
48.5	2.4	2.6	2.8	3.1	3.4	3.7	4.1
49.0	2.4	2.6	2.9	3.2	3.5	3.8	4.2
49.5	2.5	2.7	3.0	3.3	3.6	3.9	4.3
50.0	2.6	2.8	3.1	3.4	3.7	4.0	4.5
50.5	2.7	2.9	3.2	3.5	3.8	4.2	4.6
51.0	2.8	3.0	3.3	3.6	3.9	4.3	4.8
51.5	2.8	3.1	3.4	3.7	4.0	4.4	4.9
52.0	2.9	3.2	3.5	3.8	4.2	4.6	5.1
52.5	3.0	3.3	3.6	3.9	4.3	4.7	5.2
53.0	3.1	3.4	3.7	4.0	4.4	4.9	5.4
53.5	3.2	3.5	3.8	4.2	4.6	5.0	5.5
54.0	3.3	3.6	3.9	4.3	4.7	5.2	5.7
54.5	3.4	3.7	4.0	4.4	4.8	5.3	5.9
55.0	3.5	3.8	4.2	4.5	5.0	5.5	6.1
55.5	3.6	3.9	4.3	4.7	5.1	5.7	6.3
56.0	3.7	4.0	4.4	4.8	5.3	5.8	6.4
56.5	3.8	4.1	4.5	5.0	5.4	6.0	6.6
57.0	3.9	4.3	4.6	5.1	5.6	6.1	6.8
57.5	4.0	4.4	4.8	5.2	5.7	6.3	7.0
58.0	4.1	4.5	4.9	5.4	5.9	6.5	7.1
58.5	4.2	4.6	5.0	5.5	6.0	6.6	7.3
59.0	4.3	4.7	5.1	5.6	6.2	6.8	7.5
59.5	4.4	4.8	5.3	5.7	6.3	6.9	7.7
60.0	4.5	4.9	5.4	5.9	6.4	7.1	7.8
60.5	4.6	5.0	5.5	6.0	6.6	7.3	8.0
61.0	4.7	5.1	5.6	6.1	6.7	7.4	8.2
61.5	4.8	5.2	5.7	6.3	6.9	7.6	S.4
62.0	4.9	5.3	5.8	6.4	7.0	7.7	8.5
62.5	5.0	5.4	5.9	6.5	7.1	7.8	8.7
63.0	5.1	5.5	6.0	6.6	7.3	8.0	8.8
63.5	5.2	5.6	6.2	6.7	7.4	8.1	9.0
64.0	5.3	5.7	6.3	6.9	7.5	8.3	9.1
64.5	5.4	5.8	6.4	7.0	7.6	8.4	9.3
65.0	5.5	5.9	6.5	7.1	7.8	8.6	9.5
65.5	5.5	6.0	6.6	7.2	7.9	8.7	9.6
66.0	5.6	6.1	6.7	7.3	8.0	8.8	9.8
66.5	5.7	6.2	6.8	7.4	8.1	9.0	9.9
67.0	5.8	6.3	6.9	7.5	8.3	9.1	10.0
67.5	5.9	6.4	7.0	7.6	8.4	9.2	10.2

续表

身长 cm	Z 评分						
	−3	−2	−1	0	+1	+2	+3
68.0	6.0	6.5	7.1	7.7	8.5	9.4	10.3
68.5	6.1	6.6	7.2	7.9	8.6	9.5	10.5
69.0	6.1	6.7	7.3	8.0	8.7	9.6	10.6
69.5	6.2	6.8	7.4	8.1	8.8	9.7	10.7
70.0	6.3	6.9	7.5	8.2	9.0	9.9	10.9
70.5	6.4	6.9	7.6	8.3	9.1	10.0	11.0
71.0	6.5	7.0	7.7	8.4	9.2	10.1	11.1
71.5	6.5	7.1	7.7	8.5	9.3	10.2	11.3
72.0	6.6	7.2	7.8	8.6	9.4	10.3	11.4
72.5	6.7	7.3	7.9	8.7	9.5	10.5	11.5
73.0	6.8	7.4	8.0	8.8	9.6	10.6	11.7
73.5	6.9	7.4	8.1	8.9	9.7	10.7	11.8
74.0	6.9	7.5	8.2	9.0	9.8	10.8	11.9
74.5	7.0	7.6	8.3	9.1	9.9	10.9	12.0
75.0	7.1	7.7	8.4	9.1	10.0	11.0	12.2
75.5	7.1	7.8	8.5	9.2	10.1	11.1	12.3
76.0	7.2	7.8	8.5	9.3	10.2	11.2	12.4
76.5	7.3	7.9	8.6	9.4	10.3	11.4	12.5
77.0	7.4	8.0	8.7	9.5	10.4	11.5	12.6
77.5	7.4	8.1	8.8	9.6	10.5	11.6	12.8
78.0	7.5	8.2	8.9	9.7	10.6	11.7	12.9
78.5	7.6	8.2	9.0	9.8	10.7	11.8	13.0
79.0	7.7	8.3	9.1	9.9	10.8	11.9	13.1
79.5	7.7	8.4	9.1	10.0	10.9	12.0	13.3
80.0	7.8	8.5	9.2	10.1	11.0	12.1	13.4
80.5	7.9	8.6	9.3	10.2	11.2	12.3	13.5
81.0	8.0	8.7	9.4	10.3	11.3	12.4	13.7
81.5	8.1	8.8	9.5	10.4	11.4	12.5	13.8
82.0	8.1	8.8	9.6	10.5	11.5	12.6	13.9
82.5	8.2	8.9	9.7	10.6	11.6	12.8	14.1
83.0	8.3	9.0	9.8	10.7	11.8	12.9	14.2
83.5	8.4	9.1	9.9	10.9	11.9	13.1	14.4
84.0	8.5	9.2	10.1	11.0	12.0	13.2	14.5
84.5	8.6	9.3	10.2	11.1	12.1	13.3	14.7
85.0	8.7	9.4	10.3	11.2	12.3	13.5	14.9
85.5	8.8	9.5	10.4	11.3	12.4	13.6	15.0
86.0	8.9	9.7	10.5	11.5	12.6	13.8	15.2
86.5	9.0	9.8	10.6	11.6	12.7	13.9	15.4
87.0	9.1	9.9	10.7	11.7	12.8	14.1	15.5
87.5	9.2	10.0	10.9	11.8	13.0	14.2	15.7

续表

身长 cm	Z 评分						
	-3	-2	-1	0	+1	+2	+3
88.0	9.3	10.1	11.0	12.0	13.1	14.4	15.9
88.5	9.4	10.2	11.1	12.1	13.2	14.5	16.0
89.0	9.5	10.3	11.2	12.2	13.4	14.7	16.2
89.5	9.6	10.4	11.3	12.3	13.5	14.8	16.4
90.0	9.7	10.5	11.4	12.5	13.7	15.0	16.5
90.5	9.8	10.6	11.5	12.6	13.8	15.1	16.7
91.0	9.9	10.7	11.7	12.7	13.9	15.3	16.9
91.5	10.0	10.8	11.8	12.8	14.1	15.5	17.0
92.0	10.1	10.9	11.9	13.0	14.2	15.6	17.2
92.5	10.1	11.0	12.0	13.1	14.3	15.8	17.4
93.0	10.2	11.1	12.1	13.2	14.5	15.9	17.5
93.5	10.3	11.2	12.2	13.3	14.6	16.1	17.7
94.0	10.4	11.3	12.3	13.5	14.7	16.2	17.9
94.5	10.5	11.4	12.4	13.6	14.9	16.4	18.0
95.0	10.6	11.5	12.6	13.7	15.0	16.5	18.2
95.5	10.7	11.6	12.7	13.8	15.2	16.7	18.4
96.0	10.8	11.7	12.8	14.0	15.3	16.8	18.6
96.5	10.9	11.8	12.9	14.1	15.4	17.0	18.7
97.0	11.0	12.0	13.0	14.2	15.6	17.1	18.9
97.5	11.1	12.1	13.1	14.4	15.7	17.3	19.1
98.0	11.2	12.2	13.3	14.5	15.9	17.5	19.3
98.5	11.3	12.3	13.4	14.6	16.0	17.6	19.5
99.0	11.4	12.4	13.5	14.8	16.2	17.8	19.6
99.5	11.5	12.5	13.6	14.9	16.3	18.0	19.8
100.0	11.6	12.6	13.7	15.0	16.5	18.1	20.0
100.5	11.7	12.7	13.9	15.2	16.6	18.3	20.2
101.0	11.8	12.8	14.0	15.3	16.8	18.5	20.4
101.5	11.9	13.0	14.1	15.5	17.0	18.7	20.6
102.0	12.0	13.1	14.3	15.6	17.1	18.9	20.8
102.5	12.1	13.2	14.4	15.8	17.3	19.0	21.0
103.0	12.3	13.3	14.5	15.9	17.5	19.2	21.3
103.5	12.4	13.5	14.7	16.1	17.6	19.4	21.5
104.0	12.5	13.6	14.8	16.2	17.8	19.6	21.7
104.5	12.6	13.7	15.0	16.4	18.0	19.8	21.9
105.0	12.7	13.8	15.1	16.5	18.2	20.0	22.2
105.5	12.8	14.0	15.3	16.7	18.4	20.2	22.4
106.0	13.0	14.1	15.4	16.9	18.5	20.5	22.6
106.5	13.1	14.3	15.6	17.1	18.7	20.7	22.9
107.0	13.2	14.4	15.7	17.2	18.9	20.9	23.1
107.5	13.3	14.5	15.9	17.4	19.1	21.1	23.4

续表

身长	Z评分						
cm	−3	−2	−1	0	+1	+2	+3
108.0	13.5	14.7	16.0	17.6	19.3	21.3	23.6
108.5	13.6	14.8	16.2	17.8	19.5	21.6	23.9
109.0	13.7	15.0	16.4	18.0	19.7	21.8	24.2
109.5	13.9	15.1	16.5	18.1	20.0	22.0	24.4
110.0	14.0	15.3	16.7	18.3	20.2	22.3	24.7

表A.8　2～5岁女孩的身高别体重Z评分

单位为千克

身长	Z评分						
cm	−3	−2	−1	0	+1	+2	+3
65.0	5.6	6.1	6.6	7.2	7.9	8.7	9.7
65.5	5.7	6.2	6.7	7.4	8.1	8.9	9.8
66.0	5.8	6.3	6.8	7.5	8.2	9.0	10.0
66.5	5.8	6.4	6.9	7.6	8.3	9.1	10.1
67.0	5.9	6.4	7.0	7.7	8.4	9.3	10.2
67.5	6.0	6.5	7.1	7.8	8.5	9.4	10.4
68.0	6.1	6.6	7.2	7.9	8.7	9.5	10.5
68.5	6.2	6.7	7.3	8.0	8.8	9.7	10.7
69.0	6.3	6.8	7.4	8.1	8.9	9.8	10.8
69.5	6.3	6.9	7.5	8.2	9.0	9.9	10.9
70.0	6.4	7.0	7.6	8.3	9.1	10.0	11.1
70.5	6.5	7.1	7.7	8.4	9.2	10.1	11.2
71.0	6.6	7.1	7.8	8.5	9.3	10.3	11.3
71.5	6.7	7.2	7.9	8.6	9.4	10.4	11.5
72.0	6.7	7.3	8.0	8.7	9.5	10.5	11.6
72.5	6.8	7.4	8.1	8.8	9.7	10.6	11.7
73.0	6.9	7.5	8.1	8.9	9.8	10.7	11.8
73.5	7.0	7.6	8.2	9.0	9.9	10.8	12.0
74.0	7.0	7.6	8.3	9.1	10.0	11.0	12.1
74.5	7.1	7.7	8.4	9.2	10.1	11.1	12.2
75.0	7.2	7.8	8.5	9.3	10.2	11.2	12.3
75.5	7.2	7.9	8.6	9.4	10.3	11.3	12.5
76.0	7.3	8.0	8.7	9.5	10.4	11.4	12.6
76.5	7.4	8.0	8.7	9.6	10.5	11.5	12.7
77.0	7.5	8.1	8.8	9.6	10.6	11.6	12.8
77.5	7.5	8.2	8.9	9.7	10.7	11.7	12.9
78.0	7.6	8.3	9.0	9.8	10.8	11.8	13.1
78.5	7.7	8.4	9.1	9.9	10.9	12.0	13.2

身长 cm	Z 评分						
	−3	−2	−1	0	+1	+2	+3
79.0	7.8	8.4	9.2	10.0	11.0	12.1	13.3
79.5	7.8	8.5	9.3	10.1	11.1	12.2	13.4
80.0	7.9	8.6	9.4	10.2	11.2	12.3	13.6
80.5	8.0	8.7	9.5	10.3	11.3	12.4	13.7
81.0	8.1	8.8	9.6	10.4	11.4	12.6	13.9
81.5	8.2	8.9	9.7	10.6	11.6	12.7	14.0
82.0	8.3	9.0	9.8	10.7	11.7	12.8	14.1
82.5	8.4	9.1	9.9	10.8	11.8	13.0	14.3
83.0	8.5	9.2	10.0	10.9	11.9	13.1	14.5
83.5	8.5	9.3	10.1	11.0	12.1	13.3	14.6
86.5	9.1	9.9	10.8	11.8	12.9	14.2	15.6
87.0	9.2	10.0	10.9	11.9	13.0	14.3	15.8
87.5	9.3	10.1	11.0	12.0	13.2	14.5	15.9
88.0	9.4	10.2	11.1	12.1	13.3	14.6	16.1
88.5	9.5	10.3	11.2	12.3	13.4	14.8	16.3
89.0	9.6	10.4	11.4	12.4	13.6	14.9	16.4
89.5	9.7	10.5	11.5	12.5	13.7	15.1	16.6
90.0	9.8	10.6	11.6	12.6	13.8	15.2	16.8
90.5	9.9	10.7	11.7	12.8	14.0	15.4	16.9
91.0	10.0	10.9	11.8	12.9	14.1	15.5	17.1
91.5	10.1	11.0	11.9	13.0	14.3	15.7	17.3
92.0	10.2	11.1	12.0	13.1	14.4	15.8	17.4
92.5	10.3	11.2	12.1	13.3	14.5	16.0	17.6
93.0	10.4	11.3	12.3	13.4	14.7	16.1	17.8
93.5	10.5	11.4	12.4	13.5	14.8	16.3	17.9
94.0	10.6	11.5	12.5	13.6	14.9	16.4	18.1
94.5	10.7	11.6	12.6	13.8	15.1	16.6	18.3
95.0	10.8	11.7	12.7	13.9	15.2	16.7	18.5
95.5	10.8	11.8	12.8	14.0	15.4	16.9	18.6
96.0	10.9	11.9	12.9	14.1	15.5	17.0	18.8
96.5	11.0	12.0	13.1	14.3	15.6	17.2	19.0
97.0	11.1	12.1	13.2	14.4	15.8	17.4	19.2
97.5	11.2	12.2	13.3	14.5	15.9	17.5	19.3
98.0	11.3	12.3	13.4	14.7	16.1	17.7	19.5
98.5	11.4	12.4	13.5	14.8	16.2	17.9	19.7
99.0	11.5	12.5	13.7	14.9	16.4	18.0	19.9
99.5	11.6	12.7	13.8	15.1	16.5	18.2	20.1
100.0	11.7	12.8	13.9	15.2	16.7	18.4	20.3
100.5	11.9	12.9	14.1	15.4	16.9	18.6	20.5
101.0	12.0	13.0	14.2	15.5	17.0	18.7	20.7

续表

身长	Z 评分						
cm	−3	−2	−1	0	+1	+2	+3
101.5	12.1	13.1	14.3	15.7	17.2	18.9	20.9
102.0	12.2	13.3	14.5	15.8	17.4	19.1	21.1
102.5	12.3	13.4	14.6	16.0	17.5	19.3	21.4
103.0	12.4	13.5	14.7	16.1	17.7	19.5	21.6
103.5	12.5	13.6	14.9	16.3	17.9	19.7	21.8
104.0	12.6	13.8	15.0	16.4	18.1	19.9	22.0
104.5	12.8	13.9	15.2	16.6	18.2	20.1	22.3
105.0	12.9	14.0	15.3	16.8	18.4	20.3	22.5
105.5	13.0	14.2	15.5	16.9	18.6	20.5	22.7
106.0	13.1	14.3	15.6	17.1	18.8	20.8	23.0
106.5	13.3	14.5	15.8	17.3	19.0	21.0	23.2
107.0	13.4	14.6	15.9	17.5	19.2	21.2	23.5
107 5	13.5	14.7	16.1	17.7	19.4	21.4	23.7
108.0	13.7	14.9	16.3	17.8	19.6	21.7	24.0
108.5	13.8	15.0	16.4	18.0	19.8	21.9	24.3
109.0	13.9	15.2	16.6	18.2	20.0	22.1	24.5
109.5	14.1	15.4	16.8	18.4	20.3	22.4	24.8
110.0	14.2	15.5	17.0	18.6	20.5	22.6	25.1
110.5	14.4	15.7	17.1	18.8	20.7	22.9	25.4
111.0	14.5	15.8	17.3	19.0	20.9	23.1	25.7
111.5	14.7	16.0	17.5	19.2	21.2	23.4	26.0
112.0	14.8	16.2	17.7	19.4	21.4	23.6	26.2
112.5	15.0	16.3	17.9	19.6	21.6	23.9	26.5
113.0	15.1	16.5	18.0	19.8	21.8	24.2	26.8
113.5	15.3	16.7	18.2	20.0	22.1	24.4	27.1
114.0	15.4	16.8	18.4	20.2	22.3	24.7	27.4
114.5	15.6	17.0	18.6	20.5	22.6	25.0	27.8
115.0	15.7	17.2	18.8	20.7	22.8	25.2	28.1
115.5	15.9	17.3	19.0	20.9	23.0	25.5	28.4
116.0	16.0	17.5	19.2	21.1	23.3	25.8	28.7
116.5	16.2	17.7	19.4	21.3	23.5	26. 1	29.0
117.0	16.3	17.8	19.6	21.5	23.8	26.3	29.3
117.5	16.5	18.0	19.8	21.7	24.0	26.6	29.6
118.0	16.6	18.2	19.9	22.0	24.2	26.9	29.9
118.5	16.8	18.4	20.1	22.2	24.5	27.2	30.3
119.0	16.9	18.5	20.3	22.4	24.7	27.4	30.6
119.5	17.1	18.7	20.5	22.6	25.0	27.7	30.9
120.0	17.3	18.9	20.7	22.8	25.2	28.0	31.2

表 A.9 0～2 岁男孩的身长别体重 Z 评分

单位为千克

身长 cm	Z 评分						
	-3	-2	-1	0	+1	+2	+3
45.0	1.9	2.0	2.2	2.4	2.7	3.0	3.3
45.5	1.9	2.1	2.3	2.5	2.8	3.1	3.4
46.0	2.0	2.2	2.4	2.6	2.9	3.1	3.5
46.5	2.1	2.3	2.5	2.7	3.0	3.2	3.6
47.0	2.1	2.3	2.5	2.8	3.0	3.3	3.7
47.5	2.2	2.4	2.6	2.9	3.1	3.4	3.8
48.0	2.3	2.5	2.7	2.9	3.2	3.6	3.9
48.5	2.3	2.6	2.8	3.0	3.3	3.7	4.0
49.0	2.4	2.6	2.9	3.1	3.4	3.8	4.2
49.5	2.5	2.7	3.0	3.2	3.5	3.9	4.3
50.0	2.6	2.8	3.0	3.3	3.6	4.0	4.4
50.5	2.7	2.9	3.1	3.4	3.8	4.1	4.5
51.0	2.7	3.0	3.2	3.5	3.9	4.2	4.7
51.5	2.8	3.1	3.3	3.6	4.0	4.4	4.8
52.0	2.9	3.2	3.5	3.8	4.1	4.5	5.0
52.5	3.0	3.3	3.6	3.9	4.2	4.6	5.1
53.0	3.1	3.4	3.7	4.0	4.4	4.8	5.3
53.5	3.2	3.5	3.8	4.1	4.5	4.9	5.4
54.0	3.3	3.6	3.9	4.3	4.7	5.1	5.6
54.5	3.4	3.7	4.0	4.4	4.8	5.3	5.8
55.0	3.6	3.8	4.2	4.5	5.0	5.4	6.0
55.5	3.7	4.0	4.3	4.7	5.1	5 6	6.1
56.0	3.8	4.1	4.4	4.8	5.3	5.8	6.3
56.5	3.9	4.2	4.6	5.0	5.4	5.9	6.5
57.0	4.0	4.3	4.7	5.1	5.6	6.1	6.7
57.5	4.1	4.5	4.9	5.3	5.7	6.3	6.9
58.0	4.3	4.6	5.0	5.4	5.9	6.4	7.1
58.5	4.4	4.7	5.1	5.6	6.1	6.6	7.2
59.0	4.5	4.8	5.3	5.7	6.2	6.8	7.4
59.5	4.6	5.0	5.4	5.9	6.4	7.0	7.6
60.0	4.7	5.1	5.5	6.0	6.5	7.1	7.8
60.5	4.8	5.2	5.6	6.1	6.7	7.3	8.0
61.0	4.9	5.	5.8	6.3	6.8	7.4	8.1
61.5	5.0	5.4	5.9	6.4	7.0	7.6	8.3
62.0	5.1	5.6	6.0	6.5	7.1	7.7	8.5
62.5	5.2	5.7	6.1	6.7	7.2	7.9	8.6
63.0	5.3	5.8	6.2	6.8	7.4	8.0	8.8
63.5	5.4	5.9	6.4	6.9	7.5	8.2	8.9
78.5	8.0	8.7	9.4	10.2	11.1	12 1	13.2

续表

身长 cm	Z评分						
	-3	-2	-1	0	+1	+2	+3
79.0	8.1	8.7	9.5	10.3	11.2	12.2	13.3
79.5	8.2	8.8	9.5	10.4	11.3	12.3	13.4
80.0	8.2	8.9	9.6	10.4	11.4	12.4	13.6
80.5	8.3	9.0	9.7	10.5	11.5	12.5	13.7
81.0	8.4	9.1	9.8	10.6	11.6	12.6	13.8
81.5	8.5	9.1	9.9	10.7	11.7	12.7	13.9
82.0	8.5	9.2	10.0	10.8	11.8	12.8	14.0
82.5	8.6	9.3	10.1	10.9	11.9	13.0	14.2
83.0	8.7	9.4	10.2	11.0	12.0	13.1	14.3
83.5	8.8	9.5	10.3	11.2	12.1	13.2	14.4
84.0	8.9	9.6	10.4	11.3	12.2	13.3	14.6
84.5	9.0	9.7	10.5	11.4	12.4	13.5	14.7
85.0	9.1	9.8	10.6	11.5	12.5	13.6	14.9
85.5	9.2	9.9	10.7	11.6	12.6	13.7	15.0
86.0	9.3	10.0	10.8	11.7	12.8	13.9	15.2
86.5	9.4	10.1	11.0	11.9	12.9	14.0	15.3
87.0	9.5	10.2	11.1	12.0	13.0	14.2	15.5
87.5	9.6	10.4	11.2	12.1	13.2	14.3	15.6
88.0	9.7	10.5	11.3	12.2	13.3	14.5	15.8
88.5	9.8	10.6	11.4	12.4	13.4	14.6	15.9
89.0	9.9	10.7	11.5	12.5	13 5	14.7	16.1
89.5	10.0	10.8	11.6	12.6	13.7	14.9	16.2
90.0	10.1	10.9	11.8	12.7	13.8	15.0	16.4
90.5	10.2	11.0	11.9	12.8	13.9	15.1	16.5
91.0	10.3	11.1	12.0	13.0	14 1	15.3	16.7
91.5	10.4	11.2	12.1	13.1	14.2	15.4	16.8
92.0	10.5	11.3	12.2	13.2	14.3	15.6	17.0
92.5	10.6	11.4	12.3	13.3	14.4	15.7	17.1
93.0	10.7	11.5	12.4	13.4	14.6	15.8	17.3
93.5	10.7	11.6	12.5	13.5	14.7	16.0	17.4
94.0	10.8	11.7	12.6	13.7	14.8	16.1	17.6
94.5	10.9	11.8	12.7	13.8	14.9	16.3	17.7
95.0	11.0	11.9	12.8	13.9	15.1	16.4	17.9
95.5	11.1	12.0	12.9	14.0	15.2	16.5	18.0
96.0	11.2	12.1	13.1	14.1	15.3	16.7	18.2
96.5	11.3	12.2	13.2	14.3	15.5	16.8	18.4
97.0	11.4	12.3	13.3	14.4	15.6	17.0	18.5
97.5	11.5	12.4	13.4	14.5	15.7	17.1	18.7
98.0	11.6	12.5	13.5	14.6	15.9	17.3	18.9
98.5	11.7	12.6	13.6	14.8	16.0	17.5	19.1

续表

身长	Z 评分						
cm	−3	−2	−1	0	+1	+2	+3
99.0	11.8	12.7	13.7	14.9	16.2	17.6	19.2
99.5	11.9	12.8	13.9	15.0	16.3	17.8	19.4
100.0	12.0	12.9	14.0	15.2	16.5	18.0	19.6
100.5	12.1	13.0	14.1	15.3	16.6	18.1	19.8
101.0	12.2	13.2	14.2	15.4	16.8	18.3	20.0
101.5	12.3	13.3	14.4	15.6	16.9	18.5	20.2
102.0	12.4	13.4	14.5	15.7	17.1	18.7	20.4
102.5	12.5	13.5	14.6	15.9	17.3	18.8	20.6
103.0	12.6	13.6	14.8	16.0	17.4	19.0	20.8
103.5	12.7	13.7	14.9	16.2	17.6	19.2	21.0
104.0	12.8	13.9	15.0	16.3	17.8	19.4	21.2
104.5	12.9	14.0	15.2	16.5	17.9	19.6	21.5
105.0	13.0	14.1	15.3	16.6	18.1	19.8	21.7
105.5	13.2	14.2	15.4	16.8	18.3	20.0	21.9
106.0	13.3	14.4	15.6	16.9	18.5	20.2	22.1
106.5	13.4	14.5	15.7	17.1	18.6	20.4	22.4
107.0	13.5	14.6	15.9	17.3	18.8	20.6	22.6
107.5	13.6	14.7	16.0	17.4	19.0	20.8	22.8
108.0	13.7	14.9	16.2	17.6	19.2	21.0	23.1
108.5	13.8	15.0	16.3	17.8	19.4	21.2	23.3
109.0	14.0	15.1	16.5	17.9	19.6	21.4	23.6
109.5	14.1	15.3	16.6	18.1	19.8	21.7	23.8
110.0	14.2	15.4	16.8	18.3	20.0	21.9	24.1

表 A.10 2～5 岁男孩的身高别体重 Z 评分

单位为千克

身高	Z 评分						
cm	−3	−2	−1	0	+1	+2	+3
65.0	5.9	6.3	6.9	7.4	8.1	8.8	9.6
65.5	6.0	6.4	7.0	7.6	8.2	8.9	9.8
66.0	6.1	6.5	7.1	7.7	8.3	9.1	9.9
66.5	6.1	6.6	7.2	7.8	8.5	9.2	10.1
67.0	6.2	6.7	7.3	7.9	8.6	9.4	10.2
67.5	6.3	6.8	7.4	8.0	8.7	9.5	10.4
68.0	6.4	6.9	7.5	8.1	8.8	9.6	10.5
68.5	6.5	7.0	7.6	8.2	9.0	9.8	10.7
69.0	6.6	7.1	7.7	8.4	9.1	9.9	10.8
69.5	6.7	7.2	7.8	8.5	9.2	10.0	11.0

续表

身高	Z 评分						
cm	−3	−2	−1	0	+1	+2	+3
70.0	6.8	7.3	7.9	8.6	9.3	10.2	11.1
70.5	6.9	7.4	8.0	8.7	9.5	10.3	11.3
71.0	6.9	7.5	8.1	8.8	9.6	10.4	11.4
71.5	7.0	7.6	8.2	8.9	9.7	10.6	11.6
72.0	7.1	7.7	8.3	9.0	9.8	10.7	11.7
72.5	7.2	7.8	8.4	9.1	9.9	10.8	11.8
73.0	7.3	7.9	8.5	9.2	10.0	11.0	12.0
73.5	7.4	7.9	8.6	9.3	10.2	11.1	12.1
74.0	7.4	8.0	8.7	9.4	10.3	11.2	12.2
74.5	7.5	8.1	8.8	9.5	10.4	11.3	12.4
75.0	7.6	8.2	8.9	9.6	10.5	11.4	12.5
75.5	7.7	8.3	9.0	9.7	10.6	11.6	12.6
76.0	7.7	8.4	9.1	9.8	10.7	11.7	12.8
76.5	7.8	8.5	9.2	9.9	10.8	11.8	12.9
77.0	7.9	8.5	9.2	10.0	10.9	11.9	13.0
77.5	8.0	8.6	9.3	10.1	11.0	12.0	13.1
78.0	8.0	8.7	9.4	10.2	11.1	12.1	13.3
78.5	8.1	8.8	9.5	10.3	11.2	12.2	13.4
79.0	8.2	8.8	9.6	10.4	11.3	12.3	13.5
79.5	8.3	8.9	9.7	10.5	11.4	12.4	13.6
80.0	8.3	9.0	9.7	10.6	11.5	12.6	13.7
80.5	8.4	9.1	9.8	10.7	11.6	12.7	13.8
81.0	8.5	9.2	9.9	10.8	11.7	12.8	14.0
81.5	8.6	9.3	10.0	10.9	11.8	12.9	14.1
82.5	8.7	9.4	10.2	11.1	12.1	13.1	14.4
83.0	8.8	9.5	10.3	11.2	12.2	13.3	14.5
94.0	11.0	11.8	12.8	13.8	15.0	16.3	17.8
94.5	11.1	11.9	12.9	13.9	15.1	16.5	17.9
95.0	11.1	12.0	13.0	14.1	15.3	16.6	18.1
95.5	11.2	12.1	13.1	14.2	15.4	16.7	18.3
96.0	11.3	12.2	13.2	14.3	15.5	16.9	18.4
96.5	11.4	12.3	13.3	14.4	15.7	17.0	18.6
97.0	11.5	12.4	13.4	14.6	15.8	17.2	18.8
97.5	11.6	12.5	13.6	14.7	15.9	17.4	18.9
98.0	11.7	12.6	13.7	14.8	16.1	17.5	19.1
98.5	11.8	12.8	13.8	14.9	16.2	17.7	19.3
99.0	11.9	12.9	13.9	15.1	16.4	17.9	19.5
99.5	12.0	13.0	14.0	15.2	16.5	18.0	19.7
100.0	12.1	13.1	14.2	15.4	16.7	18.2	19.9
100.5	12.2	13.2	14.3	15.5	16.9	18.4	20.1

续表

身高 cm	Z 评分						
	-3	-2	-1	0	+1	+2	+3
101.0	12.3	13.3	14.4	15.6	17.0	18.5	20.3
101.5	12.4	13.4	14.5	15.8	17.2	18.7	20.5
102.0	12.5	13.6	14.7	15.9	17.3	18.9	20.7
102.5	12.6	13.7	14.8	16.1	17.5	19.1	20.9
103.0	12.8	13.8	14.9	16.2	17.7	19.3	21.1
103.5	12.9	13.9	15.1	16.4	17.8	19.5	21.3
104.0	13.0	14.0	15.2	16.5	18.0	19.7	21.6
104.5	13.1	14.2	15.4	16.7	18.2	19.9	21.8
105.0	13.2	14.3	15.5	16.8	18.4	20.1	22.0
105.5	13.3	14.4	15.6	17.0	18.5	20.3	22.2
106.0	13.4	14.5	15.8	17.2	18.7	20.5	22.5
106.5	13.5	14.7	15.9	17.3	18.9	20.7	22.7
107.0	13.7	14.8	16.1	17.5	19.1	20.9	22.9
107.5	13.8	14.9	16.2	17.7	19.3	21.1	23.2
108.0	13.9	15.1	16.4	17.8	19.5	21.3	23.4
108.5	14.0	15.2	16.5	18.0	19.7	21.5	23.7
109.0	14.1	15.3	16.7	18.2	19.8	21.8	23.9
109.5	14.3	15.5	16.8	18.3	20.0	22.0	24.2
110.0	14.4	15.6	17.0	18.5	20.2	22.2	24.4
110.5	14.5	15.8	17.1	18.7	20.4	22.4	24.7
111.0	14.6	15.9	17.3	18.9	20.7	22.7	25.0
111.5	14.8	16.0	17.5	19.1	20.9	22.9	25.2
112.0	14.9	16.2	17.6	19.2	21.1	23.1	25.5
112.5	15.0	16.3	17.8	19.4	21.3	23.4	25.8
113.0	15.2	16.5	18.0	19.6	21.5	23.6	26.0
113.5	15.3	16.6	18.1	19.8	21.7	23.9	26.3
114.0	15.4	16.8	18.3	20.0	21.9	24.1	26.6
114.5	15.6	16.9	18.5	20.2	22.1	24.4	26.9
115.0	15.7	17.1	18.6	20.4	22.4	24.6	27.2
115.5	15.8	17.2	18.8	20.6	22.6	24.9	27.5
116.0	16.0	17.4	19.0	20.8	22.8	25.1	27.8
116.5	16.1	17.5	19.2	21.0	23.0	25.4	28.0
117.0	16.2	17.7	19.3	21.2	23.3	25.6	28.3
117.5	16.4	17.9	19.5	21.4	23.5	25.9	28.6
118.0	16.5	18.0	19.7	21.6	23.7	26.1	28.9
118.5	16.7	18.2	19.9	21.8	23.9	26.4	29.2
119.0	16.8	18.3	20.0	22.0	24.1	26.6	29.5
119.5	16.9	18.5	20.2	22.2	24.4	26.9	29.8
120.0	17.1	18.6	20.4	22.4	24.6	27.2	30.1

附录二 世界卫生组织儿童生长曲线

附件1

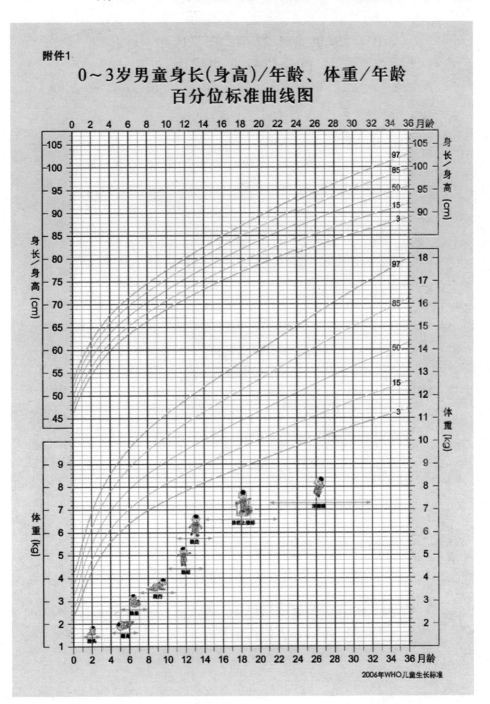

0～3岁男童身长(身高)/年龄、体重/年龄百分位标准曲线图

2006年WHO儿童生长标准

附件2

0～3岁男童头围/年龄、体重/身长
百分位标准曲线图

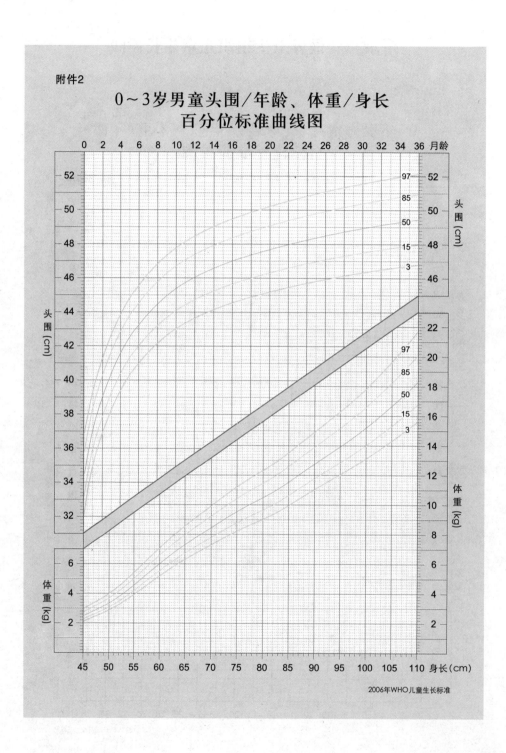

2006年WHO儿童生长标准

附件3

0～7岁男童体质指数(BMI)/年龄百分位标准曲线图

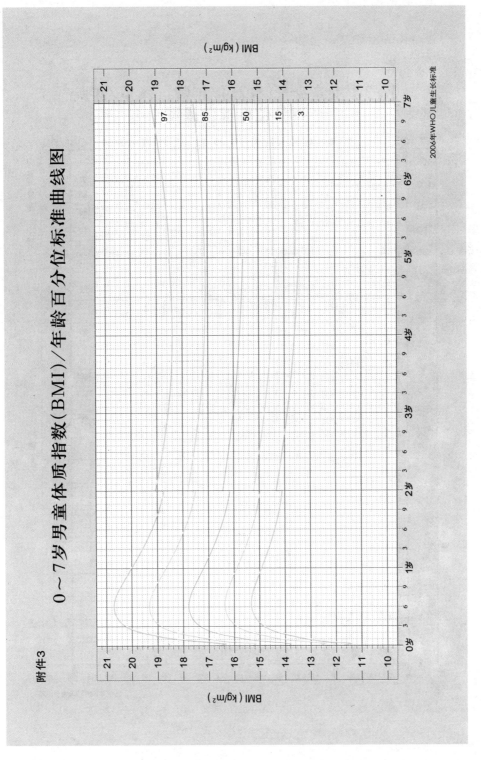

2006年WHO儿童生长标准

附件4

0~3岁女童身长(身高)/年龄、体重/年龄
百分位标准曲线图

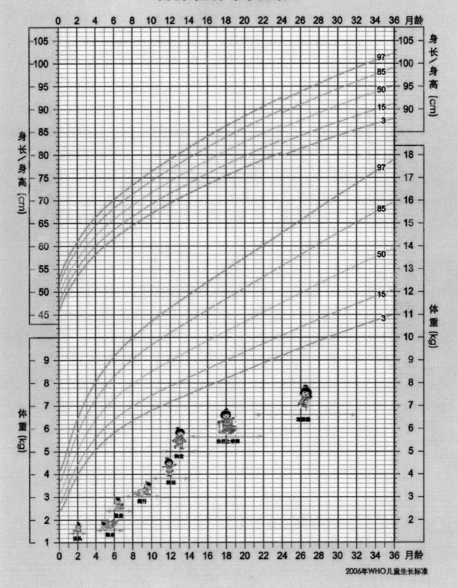

2006年WHO儿童生长标准

附件5

0～3岁女童头围/年龄、体重/身长百分位标准曲线图

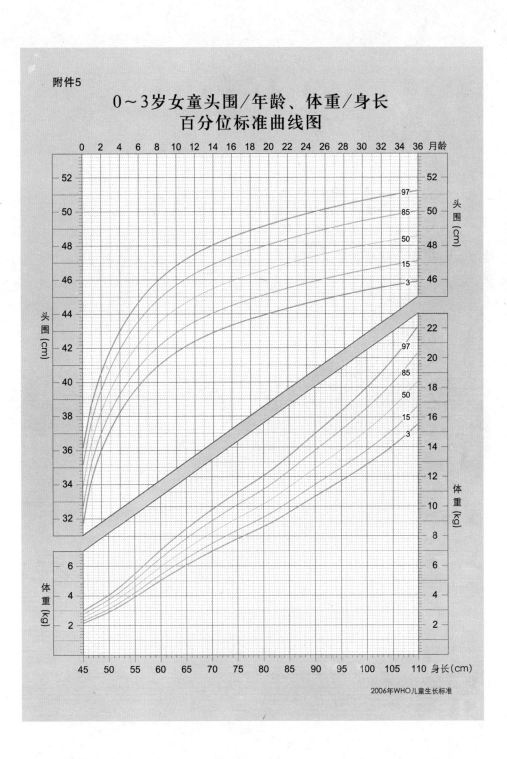

2006年WHO儿童生长标准

附件6

0～7岁女童体质指数（BMI）／年龄百分位标准曲线图

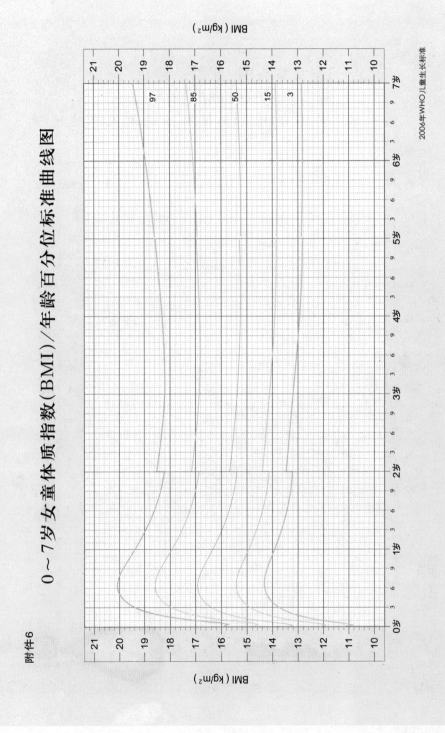

2006年WHO儿童生长标准

附件7

0～2岁男童身长/年龄、体重/年龄标准差数值表

年龄		身长(cm)							体重(kg)						
岁	月	-3SD	-2SD	-1SD	中位数	+1SD	+2SD	+3SD	-3SD	-2SD	-1SD	中位数	+1SD	+2SD	+3SD
0	0	44.2	46.1	48.0	49.9	51.8	53.7	55.6	2.1	2.5	2.9	3.3	3.9	4.4	5.0
	1	48.9	50.8	52.8	54.7	56.7	58.6	60.6	2.9	3.4	3.9	4.5	5.1	5.8	6.6
	2	52.4	54.4	56.4	58.4	60.4	62.4	64.4	3.8	4.3	4.9	5.6	6.3	7.1	8.0
	3	55.3	57.3	59.4	61.4	63.5	65.5	67.6	4.4	5.0	5.7	6.4	7.2	8.0	9.0
	4	57.6	59.7	61.8	63.9	66.0	68.0	70.1	4.9	5.6	6.2	7.0	7.8	8.7	9.7
	5	59.6	61.7	63.8	65.9	68.0	70.1	72.2	5.3	6.0	6.7	7.5	8.4	9.3	10.4
0	6	61.2	63.3	65.5	67.6	69.8	71.9	74.0	5.7	6.4	7.1	7.9	8.8	9.8	10.9
	7	62.7	64.8	67.0	69.2	71.3	73.5	75.7	5.9	6.7	7.4	8.3	9.2	10.3	11.4
	8	64.0	66.2	68.4	70.6	72.8	75.0	77.2	6.2	6.9	7.7	8.6	9.6	10.7	11.9
	9	65.2	67.5	69.7	72.0	74.2	76.5	78.7	6.4	7.1	8.0	8.9	9.9	11.0	12.3
	10	66.4	68.7	71.0	73.3	75.6	77.9	80.1	6.6	7.4	8.2	9.2	10.2	11.4	12.7
	11	67.6	69.9	72.2	74.5	76.9	79.2	81.5	6.8	7.6	8.4	9.4	10.5	11.7	13.0
1	0	68.6	71.0	73.4	75.7	78.1	80.5	82.9	6.9	7.7	8.6	9.6	10.8	12.0	13.3
	1	69.6	72.1	74.5	76.9	79.3	81.8	84.2	7.1	7.9	8.8	9.9	11.0	12.3	13.7
	2	70.6	73.1	75.6	78.0	80.5	83.0	85.5	7.2	8.1	9.0	10.1	11.3	12.6	14.0
	3	71.6	74.1	76.6	79.1	81.7	84.2	86.7	7.4	8.3	9.2	10.3	11.5	12.8	14.3
	4	72.5	75.0	77.6	80.2	82.8	85.4	88.0	7.5	8.4	9.4	10.5	11.7	13.1	14.6
	5	73.3	76.0	78.6	81.2	83.9	86.5	89.2	7.7	8.6	9.6	10.7	12.0	13.4	14.9
1	6	74.2	76.9	79.6	82.3	85.0	87.7	90.4	7.8	8.8	9.8	10.9	12.2	13.7	15.3
	7	75.0	77.7	80.5	83.2	86.0	88.8	91.5	8.0	8.9	10.0	11.1	12.5	13.9	15.6
	8	75.8	78.6	81.4	84.2	87.0	89.8	92.6	8.1	9.1	10.1	11.3	12.7	14.2	15.9
	9	76.5	79.4	82.3	85.1	88.0	90.9	93.8	8.2	9.2	10.3	11.5	12.9	14.5	16.2
	10	77.2	80.2	83.1	86.0	89.0	91.9	94.9	8.4	9.4	10.5	11.7	13.2	14.7	16.5
	11	78.0	81.0	83.9	86.9	89.9	92.9	95.9	8.5	9.5	10.7	12.0	13.4	15.0	16.8
2	0	78.7	81.7	84.8	87.8	90.9	93.9	97.0	8.6	9.7	10.8	12.2	13.6	15.3	17.1

注: 若24月龄的男童使用立式身高计测量身高, 则数值请参见 "2-5岁男童身高、体重标准差单位数值表" 的24月龄数据

2006年WHO儿童生长标准

附件8

2～7岁男童身高/年龄、体重/年龄标准差数值表

年龄		身高(cm)							体重(kg)						
岁	月	-3SD	-2SD	-1SD	中位数	+1SD	+2SD	+3SD	-3SD	-2SD	-1SD	中位数	+1SD	+2SD	+3SD
2	0	78.0	81.0	84.1	87.1	90.2	93.2	96.3	8.6	9.7	10.8	12.2	13.6	15.3	17.1
	1	78.6	81.7	84.9	88.0	91.1	94.2	97.3	8.8	9.8	11.0	12.4	13.9	15.5	17.5
	2	79.3	82.5	85.6	88.8	92.0	95.2	98.3	8.9	10.0	11.2	12.5	14.1	15.8	17.8
	3	79.9	83.1	86.4	89.6	92.9	96.1	99.3	9.0	10.1	11.3	12.7	14.3	16.1	18.1
	4	80.5	83.8	87.1	90.4	93.7	97.0	100.3	9.1	10.2	11.5	12.9	14.5	16.3	18.4
	5	81.1	84.5	87.8	91.2	94.5	97.9	101.2	9.2	10.4	11.7	13.1	14.8	16.6	18.7
2	6	81.7	85.1	88.5	91.9	95.3	98.7	102.1	9.4	10.5	11.8	13.3	15.0	16.9	19.0
	7	82.3	85.7	89.2	92.7	96.1	99.6	103.0	9.5	10.7	12.0	13.5	15.2	17.1	19.3
	8	82.8	86.4	89.9	93.4	96.9	100.4	103.9	9.6	10.8	12.1	13.7	15.4	17.4	19.6
	9	83.4	86.9	90.5	94.1	97.6	101.2	104.8	9.7	10.9	12.3	13.8	15.6	17.6	19.9
	10	83.9	87.5	91.1	94.8	98.4	102.0	105.6	9.8	11.0	12.4	14.0	15.8	17.8	20.2
	11	84.4	88.1	91.8	95.4	99.1	102.7	106.4	9.9	11.2	12.6	14.2	16.0	18.1	20.4
3	0	85.0	88.7	92.4	96.1	99.8	103.5	107.2	10.0	11.3	12.7	14.3	16.2	18.3	20.7
	1	85.5	89.2	93.0	96.7	100.5	104.2	108.0	10.1	11.4	12.9	14.5	16.4	18.6	21.0
	2	86.0	89.8	93.6	97.4	101.2	105.0	108.8	10.2	11.5	13.0	14.7	16.6	18.8	21.3
	3	86.5	90.3	94.2	98.0	101.8	105.7	109.5	10.3	11.6	13.1	14.8	16.8	19.0	21.6
	4	87.0	90.9	94.7	98.6	102.5	106.4	110.3	10.4	11.8	13.3	15.0	17.0	19.3	21.9
	5	87.5	91.4	95.3	99.2	103.2	107.1	111.0	10.5	11.9	13.4	15.2	17.2	19.5	22.1
3	6	88.0	91.9	95.9	99.9	103.8	107.8	111.7	10.6	12.0	13.6	15.3	17.4	19.7	22.4
	7	88.4	92.4	96.4	100.4	104.5	108.5	112.5	10.7	12.1	13.7	15.5	17.6	20.0	22.7
	8	88.9	93.0	97.0	101.0	105.1	109.1	113.2	10.8	12.2	13.8	15.7	17.8	20.2	23.0
	9	89.4	93.5	97.5	101.6	105.7	109.8	113.9	10.9	12.4	14.0	15.8	18.0	20.5	23.3
	10	89.8	94.0	98.1	102.2	106.3	110.4	114.6	11.0	12.5	14.1	16.0	18.2	20.7	23.6
	11	90.3	94.4	98.6	102.8	106.9	111.1	115.2	11.1	12.6	14.3	16.2	18.4	20.9	23.9
4	0	90.7	94.9	99.1	103.3	107.5	111.7	115.9	11.2	12.7	14.4	16.3	18.6	21.2	24.2
	1	91.2	95.4	99.7	103.9	108.1	112.4	116.6	11.3	12.8	14.5	16.5	18.8	21.4	24.5
	2	91.6	95.9	100.2	104.4	108.7	113.0	117.3	11.4	12.9	14.7	16.7	19.0	21.7	24.8
	3	92.1	96.4	100.7	105.0	109.3	113.6	117.9	11.5	13.1	14.8	16.8	19.2	21.9	25.1
	4	92.5	96.9	101.2	105.6	109.9	114.2	118.6	11.6	13.2	15.0	17.0	19.4	22.2	25.4
	5	93.0	97.4	101.7	106.1	110.5	114.9	119.2	11.7	13.3	15.1	17.2	19.6	22.4	25.7

2～7岁男童身高/年龄、体重/年龄标准差数值表（续）

年龄		身高(cm)							体重(kg)						
岁	月	-3SD	-2SD	-1SD	中位数	+1SD	+2SD	+3SD	-3SD	-2SD	-1SD	中位数	+1SD	+2SD	+3SD
4	6	93.4	97.8	102.3	106.7	111.1	115.5	119.9	11.8	13.4	15.2	17.3	19.8	22.7	26.0
	7	93.9	98.3	102.8	107.2	111.7	116.1	120.6	11.9	13.5	15.4	17.5	20.0	22.9	26.3
	8	94.3	98.8	103.3	107.8	112.3	116.7	121.2	12.0	13.6	15.5	17.7	20.2	23.2	26.6
	9	94.7	99.3	103.8	108.3	112.8	117.4	121.9	12.1	13.7	15.6	17.8	20.4	23.4	26.9
	10	95.2	99.7	104.3	108.9	113.4	118.0	122.6	12.2	13.8	15.8	18.0	20.6	23.7	27.2
	11	95.6	100.2	104.8	109.4	114.0	118.6	123.2	12.3	14.0	15.9	18.2	20.8	23.9	27.6
5	0	96.1	100.7	105.3	110.0	114.6	119.2	123.9	12.4	14.1	16.0	18.3	21.0	24.2	27.9
	1	96.5	101.1	105.7	110.3	114.9	119.4	124.0	12.7	14.3	16.3	18.5	21.1	24.2	27.8
	2	96.9	101.6	106.2	110.8	115.4	120.0	124.7	12.8	14.5	16.4	18.7	21.3	24.4	28.1
	3	97.4	102.0	106.7	111.3	116.0	120.6	125.3	13.0	14.6	16.6	18.9	21.5	24.7	28.4
	4	97.8	102.5	107.2	111.9	116.5	121.2	125.9	13.1	14.8	16.7	19.0	21.7	24.9	28.8
	5	98.2	103.0	107.7	112.4	117.1	121.8	126.5	13.2	14.9	16.9	19.2	22.0	25.2	29.1
5	6	98.7	103.4	108.2	112.9	117.7	122.4	127.1	13.3	15.0	17.0	19.4	22.2	25.5	29.4
	7	99.1	103.9	108.7	113.4	118.2	123.0	127.8	13.4	15.2	17.2	19.6	22.4	25.7	29.8
	8	99.5	104.3	109.1	113.9	118.7	123.6	128.4	13.6	15.3	17.4	19.8	22.6	26.0	30.1
	9	99.9	104.8	109.6	114.5	119.3	124.1	129.0	13.7	15.4	17.5	19.9	22.8	26.3	30.4
	10	100.4	105.2	110.1	115.0	119.9	124.7	129.6	13.8	15.6	17.7	20.1	23.1	26.6	30.8
	11	100.8	105.7	110.6	115.5	120.4	125.2	130.1	13.9	15.7	17.8	20.3	23.3	26.8	31.2
6	0	101.2	106.1	111.0	116.0	120.9	125.8	130.7	14.1	15.9	18.0	20.5	23.5	27.1	31.5
	1	101.6	106.5	111.5	116.4	121.4	126.4	131.3	14.2	16.0	18.2	20.7	23.7	27.4	31.9
	2	102.0	107.0	111.9	116.9	121.9	126.9	131.9	14.3	16.2	18.3	20.9	24.0	27.7	32.2
	3	102.4	107.4	112.4	117.4	122.4	127.5	132.5	14.5	16.3	18.5	21.1	24.2	28.0	32.6
	4	102.8	107.8	112.9	117.9	123.0	128.0	133.0	14.6	16.5	18.7	21.3	24.4	28.3	33.0
	5	103.2	108.2	113.3	118.4	123.5	128.5	133.6	14.7	16.6	18.8	21.5	24.7	28.6	33.3
6	6	103.6	108.7	113.8	118.9	124.0	129.1	134.2	14.9	16.8	19.0	21.7	24.9	28.9	33.7
	7	103.9	109.1	114.2	119.4	124.5	129.6	134.8	15.0	16.9	19.2	21.9	25.2	29.2	34.1
	8	104.3	109.5	114.7	119.8	125.0	130.2	135.3	15.1	17.1	19.3	22.1	25.4	29.5	34.5
	9	104.7	109.9	115.1	120.3	125.5	130.7	135.9	15.3	17.2	19.5	22.3	25.6	29.8	34.9
	10	105.1	110.3	115.6	120.8	126.0	131.2	136.5	15.4	17.4	19.7	22.5	25.9	30.1	35.3
	11	105.5	110.8	116.0	121.3	126.5	131.8	137.0	15.5	17.5	19.9	22.7	26.1	30.4	35.7
7	0	105.9	111.2	116.4	121.7	127.0	132.3	137.6	15.7	17.7	20.0	22.9	26.4	30.7	36.1

2006年WHO儿童生长标准

附件9

0～5岁男童头围/年龄标准差数值表

年龄		头围（cm）						
岁	月	-3SD	-2SD	-1SD	中位数	+1SD	+2SD	+3SD
0	0	30.7	31.9	33.2	34.5	35.7	37.0	38.3
	1	33.8	34.9	36.1	37.3	38.4	39.6	40.8
	2	35.6	36.8	38.0	39.1	40.3	41.5	42.6
	3	37.0	38.1	39.3	40.5	41.7	42.9	44.1
	4	38.0	39.2	40.4	41.6	42.8	44.0	45.2
	5	38.9	40.1	41.4	42.6	43.8	45.0	46.2
0	6	39.7	40.9	42.1	43.3	44.6	45.8	47.0
	7	40.3	41.5	42.7	44.0	45.2	46.4	47.7
	8	40.8	42.0	43.3	44.5	45.8	47.0	48.3
	9	41.2	42.5	43.7	45.0	46.3	47.5	48.8
	10	41.6	42.9	44.1	45.4	46.7	47.9	49.2
	11	41.9	43.2	44.5	45.8	47.0	48.3	49.6
1	0	42.2	43.5	44.8	46.1	47.4	48.6	49.9
	1	42.5	43.8	45.0	46.3	47.6	48.9	50.2
	2	42.7	44.0	45.3	46.6	47.9	49.2	50.5
	3	42.9	44.2	45.5	46.8	48.1	49.4	50.7
	4	43.1	44.4	45.7	47.0	48.3	49.6	51.0
	5	43.2	44.6	45.9	47.2	48.5	49.8	51.2
1	6	43.4	44.7	46.0	47.4	48.7	50.0	51.4
	7	43.5	44.9	46.2	47.5	48.9	50.2	51.5
	8	43.7	45.0	46.4	47.7	49.0	50.4	51.7
	9	43.8	45.2	46.5	47.8	49.2	50.5	51.9
	10	43.9	45.3	46.6	48.0	49.3	50.7	52.0
	11	44.1	45.4	46.8	48.1	49.5	50.8	52.2
2	0	44.2	45.5	46.9	48.3	49.6	51.0	52.3
	1	44.3	45.6	47.0	48.4	49.7	51.1	52.5
	2	44.4	45.8	47.1	48.5	49.9	51.2	52.6
	3	44.5	45.9	47.2	48.6	50.0	51.4	52.7
	4	44.6	46.0	47.3	48.7	50.1	51.5	52.9
	5	44.7	46.1	47.4	48.8	50.2	51.6	53.0
2	6	44.8	46.1	47.5	48.9	50.3	51.7	53.1
	7	44.8	46.2	47.6	49.0	50.4	51.8	53.2
	8	44.9	46.3	47.7	49.1	50.5	51.9	53.3
	9	45.0	46.4	47.8	49.2	50.6	52.0	53.4
	10	45.1	46.5	47.9	49.3	50.7	52.1	53.5
	11	45.1	46.6	48.0	49.4	50.8	52.2	53.6
3	0	45.2	46.6	48.0	49.5	50.9	52.3	53.7
	1	45.3	46.7	48.1	49.5	51.0	52.4	53.8
	2	45.3	46.8	48.2	49.6	51.0	52.5	53.9
	3	45.4	46.8	48.2	49.7	51.1	52.5	54.0
	4	45.4	46.9	48.3	49.7	51.2	52.6	54.1
	5	45.5	46.9	48.4	49.8	51.3	52.7	54.1

0～5岁男童头围/年龄标准差数值表（续）

年龄		头围（cm）						
岁	月	-3SD	-2SD	-1SD	中位数	+1SD	+2SD	+3SD
3	6	45.5	47.0	48.4	49.9	51.3	52.8	54.2
	7	45.6	47.0	48.5	49.9	51.4	52.8	54.3
	8	45.6	47.1	48.5	50.0	51.4	52.9	54.3
	9	45.7	47.1	48.6	50.1	51.5	53.0	54.4
	10	45.7	47.2	48.7	50.1	51.6	53.0	54.5
	11	45.8	47.2	48.7	50.2	51.6	53.1	54.5
4	0	45.8	47.3	48.7	50.2	51.7	53.1	54.6
	1	45.9	47.3	48.8	50.3	51.7	53.2	54.7
	2	45.9	47.4	48.8	50.3	51.8	53.2	54.7
	3	45.9	47.4	48.9	50.4	51.8	53.3	54.8
	4	46.0	47.5	48.9	50.4	51.9	53.4	54.8
	5	46.0	47.5	49.0	50.4	51.9	53.4	54.9
4	6	46.1	47.5	49.0	50.5	52.0	53.5	54.9
	7	46.1	47.6	49.1	50.5	52.0	53.5	55.0
	8	46.1	47.6	49.1	50.6	52.1	53.5	55.0
	9	46.2	47.6	49.1	50.6	52.1	53.6	55.1
	10	46.2	47.7	49.2	50.7	52.1	53.6	55.1
	11	46.2	47.7	49.2	50.7	52.2	53.7	55.2
5	0	46.3	47.7	49.2	50.7	52.2	53.7	55.2

2006年WHO儿童生长标准

附件10

男童体重/身长标准差数值表

身长（cm）	体重（kg）						
	-3SD	-2SD	-1SD	中位数	+1SD	+2SD	+3SD
45.0	1.9	2.0	2.2	2.4	2.7	3.0	3.3
45.5	1.9	2.1	2.3	2.5	2.8	3.1	3.4
46.0	2.0	2.2	2.4	2.6	2.9	3.1	3.5
46.5	2.1	2.3	2.5	2.7	3.0	3.2	3.6
47.0	2.1	2.3	2.5	2.8	3.0	3.3	3.7
47.5	2.2	2.4	2.6	2.9	3.1	3.4	3.8
48.0	2.3	2.5	2.7	2.9	3.2	3.6	3.9
48.5	2.3	2.6	2.8	3.0	3.3	3.7	4.0
49.0	2.4	2.6	2.9	3.1	3.4	3.8	4.2
49.5	2.5	2.7	3.0	3.2	3.5	3.9	4.3
50.0	2.6	2.8	3.0	3.3	3.6	4.0	4.4
50.5	2.7	2.9	3.1	3.4	3.8	4.1	4.5
51.0	2.7	3.0	3.2	3.5	3.9	4.2	4.7
51.5	2.8	3.1	3.3	3.6	4.0	4.4	4.8
52.0	2.9	3.2	3.5	3.8	4.1	4.5	5.0
52.5	3.0	3.3	3.6	3.9	4.2	4.6	5.1
53.0	3.1	3.4	3.7	4.0	4.4	4.8	5.3
53.5	3.2	3.5	3.8	4.1	4.5	4.9	5.4
54.0	3.3	3.6	3.9	4.3	4.7	5.1	5.6
54.5	3.4	3.7	4.0	4.4	4.8	5.3	5.8
55.0	3.6	3.8	4.2	4.5	5.0	5.4	6.0
55.5	3.7	4.0	4.3	4.7	5.1	5.6	6.1
56.0	3.8	4.1	4.4	4.8	5.3	5.8	6.3
56.5	3.9	4.2	4.6	5.0	5.4	5.9	6.5
57.0	4.0	4.3	4.7	5.1	5.6	6.1	6.7
57.5	4.1	4.5	4.9	5.3	5.7	6.3	6.9
58.0	4.3	4.6	5.0	5.4	5.9	6.4	7.1
58.5	4.4	4.7	5.1	5.6	6.1	6.6	7.2
59.0	4.5	4.8	5.3	5.7	6.2	6.8	7.4
59.5	4.6	5.0	5.4	5.9	6.4	7.0	7.6
60.0	4.7	5.1	5.5	6.0	6.5	7.1	7.8
60.5	4.8	5.2	5.6	6.1	6.7	7.3	8.0
61.0	4.9	5.3	5.8	6.3	6.8	7.4	8.1
61.5	5.0	5.4	5.9	6.4	7.0	7.6	8.3
62.0	5.1	5.6	6.0	6.5	7.1	7.7	8.5
62.5	5.2	5.7	6.1	6.7	7.2	7.9	8.6
63.0	5.3	5.8	6.2	6.8	7.4	8.0	8.8
63.5	5.4	5.9	6.4	6.9	7.5	8.2	8.9
64.0	5.5	6.0	6.5	7.0	7.6	8.3	9.1
64.5	5.6	6.1	6.6	7.1	7.8	8.5	9.3
65.0	5.7	6.2	6.7	7.3	7.9	8.6	9.4
65.5	5.8	6.3	6.8	7.4	8.0	8.7	9.6
66.0	5.9	6.4	6.9	7.5	8.2	8.9	9.7
66.5	6.0	6.5	7.0	7.6	8.3	9.0	9.9
67.0	6.1	6.6	7.1	7.7	8.4	9.2	10.0

男童体重/身长标准差数值表（续1）

身长（cm）	体重（kg）						
	-3SD	-2SD	-1SD	中位数	+1SD	+2SD	+3SD
67.5	6.2	6.7	7.2	7.9	8.5	9.3	10.2
68.0	6.3	6.8	7.3	8.0	8.7	9.4	10.3
68.5	6.4	6.9	7.5	8.1	8.8	9.6	10.5
69.0	6.5	7.0	7.6	8.2	8.9	9.7	10.6
69.5	6.6	7.1	7.7	8.3	9.0	9.8	10.8
70.0	6.6	7.2	7.8	8.4	9.2	10.0	10.9
70.5	6.7	7.3	7.9	8.5	9.3	10.1	11.1
71.0	6.8	7.4	8.0	8.6	9.4	10.2	11.2
71.5	6.9	7.5	8.1	8.8	9.5	10.4	11.3
72.0	7.0	7.6	8.2	8.9	9.6	10.5	11.5
72.5	7.1	7.6	8.3	9.0	9.8	10.6	11.6
73.0	7.2	7.7	8.4	9.1	9.9	10.8	11.8
73.5	7.2	7.8	8.5	9.2	10.0	10.9	11.9
74.0	7.3	7.9	8.6	9.3	10.1	11.0	12.1
74.5	7.4	8.0	8.7	9.4	10.2	11.2	12.2
75.0	7.5	8.1	8.8	9.5	10.3	11.3	12.3
75.5	7.6	8.2	8.8	9.6	10.4	11.4	12.5
76.0	7.6	8.3	8.9	9.7	10.6	11.5	12.6
76.5	7.7	8.3	9.0	9.8	10.7	11.6	12.7
77.0	7.8	8.4	9.1	9.9	10.8	11.7	12.8
77.5	7.9	8.5	9.2	10.0	10.9	11.9	13.0
78.0	7.9	8.6	9.3	10.1	11.0	12.0	13.1
78.5	8.0	8.7	9.4	10.2	11.1	12.1	13.2
79.0	8.1	8.7	9.5	10.3	11.2	12.2	13.3
79.5	8.2	8.8	9.5	10.4	11.3	12.3	13.4
80.0	8.2	8.9	9.6	10.4	11.4	12.4	13.6
80.5	8.3	9.0	9.7	10.5	11.5	12.5	13.7
81.0	8.4	9.1	9.8	10.6	11.6	12.6	13.8
81.5	8.5	9.1	9.9	10.7	11.7	12.7	13.9
82.0	8.5	9.2	10.0	10.8	11.8	12.8	14.0
82.5	8.6	9.3	10.1	10.9	11.9	13.0	14.2
83.0	8.7	9.4	10.2	11.0	12.0	13.1	14.3
83.5	8.8	9.5	10.3	11.2	12.1	13.2	14.4
84.0	8.9	9.6	10.4	11.3	12.2	13.3	14.6
84.5	9.0	9.7	10.5	11.4	12.4	13.5	14.7
85.0	9.1	9.8	10.6	11.5	12.5	13.6	14.9
85.5	9.2	9.9	10.7	11.6	12.6	13.7	15.0
86.0	9.3	10.0	10.8	11.7	12.8	13.9	15.2
86.5	9.4	10.1	11.0	11.9	12.9	14.0	15.3
87.0	9.5	10.2	11.1	12.0	13.0	14.2	15.5
87.5	9.6	10.4	11.2	12.1	13.2	14.3	15.6
88.0	9.7	10.5	11.3	12.2	13.3	14.5	15.8
88.5	9.8	10.6	11.4	12.4	13.4	14.6	15.9
89.0	9.9	10.7	11.5	12.5	13.5	14.7	16.1
89.5	10.0	10.8	11.6	12.6	13.7	14.9	16.2

男童体重/身长标准差数值表（续2）

身长（cm）	体重（kg）						
	-3SD	-2SD	-1SD	中位数	+1SD	+2SD	+3SD
90.0	10.1	10.9	11.8	12.7	13.8	15.0	16.4
90.5	10.2	11.0	11.9	12.8	13.9	15.1	16.5
91.0	10.3	11.1	12.0	13.0	14.1	15.3	16.7
91.5	10.4	11.2	12.1	13.1	14.2	15.4	16.8
92.0	10.5	11.3	12.2	13.2	14.3	15.6	17.0
92.5	10.6	11.4	12.3	13.3	14.4	15.7	17.1
93.0	10.7	11.5	12.4	13.4	14.6	15.8	17.3
93.5	10.7	11.6	12.5	13.5	14.7	16.0	17.4
94.0	10.8	11.7	12.6	13.7	14.8	16.1	17.6
94.5	10.9	11.8	12.7	13.8	14.9	16.3	17.7
95.0	11.0	11.9	12.8	13.9	15.1	16.4	17.9
95.5	11.1	12.0	12.9	14.0	15.2	16.5	18.0
96.0	11.2	12.1	13.1	14.1	15.3	16.7	18.2
96.5	11.3	12.2	13.2	14.3	15.5	16.8	18.4
97.0	11.4	12.3	13.3	14.4	15.6	17.0	18.5
97.5	11.5	12.4	13.4	14.5	15.7	17.1	18.7
98.0	11.6	12.5	13.5	14.6	15.9	17.3	18.9
98.5	11.7	12.6	13.6	14.8	16.0	17.5	19.1
99.0	11.8	12.7	13.7	14.9	16.2	17.6	19.2
99.5	11.9	12.8	13.9	15.0	16.3	17.8	19.4
100.0	12.0	12.9	14.0	15.2	16.5	18.0	19.6
100.5	12.1	13.0	14.1	15.3	16.6	18.1	19.8
101.0	12.2	13.2	14.2	15.4	16.8	18.3	20.0
101.5	12.3	13.3	14.4	15.6	16.9	18.5	20.2
102.0	12.4	13.4	14.5	15.7	17.1	18.7	20.4
102.5	12.5	13.5	14.6	15.9	17.3	18.8	20.6
103.0	12.6	13.6	14.8	16.0	17.4	19.0	20.8
103.5	12.7	13.7	14.9	16.2	17.6	19.2	21.0
104.0	12.8	13.9	15.0	16.3	17.8	19.4	21.2
104.5	12.9	14.0	15.2	16.5	17.9	19.6	21.5
105.0	13.0	14.1	15.3	16.6	18.1	19.8	21.7
105.5	13.2	14.2	15.4	16.8	18.3	20.0	21.9
106.0	13.3	14.4	15.6	16.9	18.5	20.2	22.1
106.5	13.4	14.5	15.7	17.1	18.6	20.4	22.4
107.0	13.5	14.6	15.9	17.3	18.8	20.6	22.6
107.5	13.6	14.7	16.0	17.4	19.0	20.8	22.8
108.0	13.7	14.9	16.2	17.6	19.2	21.0	23.1
108.5	13.8	15.0	16.3	17.8	19.4	21.2	23.3
109.0	14.0	15.1	16.5	17.9	19.6	21.4	23.6
109.5	14.1	15.3	16.6	18.1	19.8	21.7	23.8
110.0	14.2	15.4	16.8	18.3	20.0	21.9	24.1

2006年WHO儿童生长标准

附件11

男童体重/身高标准差数值表

身高（cm）	体重（kg）						
	−3SD	−2SD	−1SD	中位数	+1SD	+2SD	+3SD
65.0	5.9	6.3	6.9	7.4	8.1	8.8	9.6
65.5	6.0	6.4	7.0	7.6	8.2	8.9	9.8
66.0	6.1	6.5	7.1	7.7	8.3	9.1	9.9
66.5	6.1	6.6	7.2	7.8	8.5	9.2	10.1
67.0	6.2	6.7	7.3	7.9	8.6	9.4	10.2
67.5	6.3	6.8	7.4	8.0	8.7	9.5	10.4
68.0	6.4	6.9	7.5	8.1	8.8	9.6	10.5
68.5	6.5	7.0	7.6	8.2	9.0	9.8	10.7
69.0	6.6	7.1	7.7	8.4	9.1	9.9	10.8
69.5	6.7	7.2	7.8	8.5	9.2	10.0	11.0
70.0	6.8	7.3	7.9	8.6	9.3	10.2	11.1
70.5	6.9	7.4	8.0	8.7	9.5	10.3	11.3
71.0	6.9	7.5	8.1	8.8	9.6	10.4	11.4
71.5	7.0	7.6	8.2	8.9	9.7	10.6	11.6
72.0	7.1	7.7	8.3	9.0	9.8	10.7	11.7
72.5	7.2	7.8	8.4	9.1	9.9	10.8	11.8
73.0	7.3	7.9	8.5	9.2	10.0	11.0	12.0
73.5	7.4	7.9	8.6	9.3	10.2	11.1	12.1
74.0	7.4	8.0	8.7	9.4	10.3	11.2	12.2
74.5	7.5	8.1	8.8	9.5	10.4	11.3	12.4
75.0	7.6	8.2	8.9	9.6	10.5	11.4	12.5
75.5	7.7	8.3	9.0	9.7	10.6	11.6	12.6
76.0	7.7	8.4	9.1	9.8	10.7	11.7	12.8
76.5	7.8	8.5	9.2	9.9	10.8	11.8	12.9
77.0	7.9	8.5	9.2	10.0	10.9	11.9	13.0
77.5	8.0	8.6	9.3	10.1	11.0	12.0	13.1
78.0	8.0	8.7	9.4	10.2	11.1	12.1	13.3
78.5	8.1	8.8	9.5	10.3	11.2	12.2	13.4
79.0	8.2	8.8	9.6	10.4	11.3	12.3	13.5
79.5	8.3	8.9	9.7	10.5	11.4	12.4	13.6
80.0	8.3	9.0	9.7	10.6	11.5	12.6	13.7
80.5	8.4	9.1	9.8	10.7	11.6	12.7	13.8
81.0	8.5	9.2	9.9	10.8	11.7	12.8	14.0
81.5	8.6	9.3	10.0	10.9	11.8	12.9	14.1
82.0	8.7	9.3	10.1	11.0	11.9	13.0	14.2
82.5	8.7	9.4	10.2	11.1	12.1	13.1	14.4
83.0	8.8	9.5	10.3	11.2	12.2	13.3	14.5
83.5	8.9	9.6	10.4	11.3	12.3	13.4	14.6
84.0	9.0	9.7	10.5	11.4	12.4	13.5	14.8
84.5	9.1	9.9	10.7	11.5	12.5	13.7	14.9
85.0	9.2	10.0	10.8	11.7	12.7	13.8	15.1
85.5	9.3	10.1	10.9	11.8	12.8	13.9	15.2
86.0	9.4	10.2	11.0	11.9	12.9	14.1	15.4
86.5	9.5	10.3	11.1	12.0	13.1	14.2	15.5
87.0	9.6	10.4	11.2	12.2	13.2	14.4	15.7

男童体重/身高标准差数值表（续1）

身高（cm）	体重（kg）						
	-3SD	-2SD	-1SD	中位数	+1SD	+2SD	+3SD
87.5	9.7	10.5	11.3	12.3	13.3	14.5	15.8
88.0	9.8	10.6	11.5	12.4	13.5	14.7	16.0
88.5	9.9	10.7	11.6	12.5	13.6	14.8	16.1
89.0	10.0	10.8	11.7	12.6	13.7	14.9	16.3
89.5	10.1	10.9	11.8	12.8	13.9	15.1	16.4
90.0	10.2	11.0	11.9	12.9	14.0	15.2	16.6
90.5	10.3	11.1	12.0	13.0	14.1	15.3	16.7
91.0	10.4	11.2	12.1	13.1	14.2	15.5	16.9
91.5	10.5	11.3	12.2	13.2	14.4	15.6	17.0
92.0	10.6	11.4	12.3	13.4	14.5	15.8	17.2
92.5	10.7	11.5	12.4	13.5	14.6	15.9	17.3
93.0	10.8	11.6	12.6	13.6	14.7	16.0	17.5
93.5	10.9	11.7	12.7	13.7	14.9	16.2	17.6
94.0	11.0	11.8	12.8	13.8	15.0	16.3	17.8
94.5	11.1	11.9	12.9	13.9	15.1	16.5	17.9
95.0	11.1	12.0	13.0	14.1	15.3	16.6	18.1
95.5	11.2	12.1	13.1	14.2	15.4	16.7	18.3
96.0	11.3	12.2	13.2	14.3	15.5	16.9	18.4
96.5	11.4	12.3	13.3	14.4	15.7	17.0	18.6
97.0	11.5	12.4	13.4	14.6	15.8	17.2	18.8
97.5	11.6	12.5	13.6	14.7	15.9	17.4	18.9
98.0	11.7	12.6	13.7	14.8	16.1	17.5	19.1
98.5	11.8	12.8	13.8	14.9	16.2	17.7	19.3
99.0	11.9	12.9	13.9	15.1	16.4	17.9	19.5
99.5	12.0	13.0	14.0	15.2	16.5	18.0	19.7
100.0	12.1	13.1	14.2	15.4	16.7	18.2	19.9
100.5	12.2	13.2	14.3	15.5	16.9	18.4	20.1
101.0	12.3	13.3	14.4	15.6	17.0	18.5	20.3
101.5	12.4	13.4	14.5	15.8	17.2	18.7	20.5
102.0	12.5	13.6	14.7	15.9	17.3	18.9	20.7
102.5	12.6	13.7	14.8	16.1	17.5	19.1	20.9
103.0	12.8	13.8	14.9	16.2	17.7	19.3	21.1
103.5	12.9	13.9	15.1	16.4	17.8	19.5	21.3
104.0	13.0	14.0	15.2	16.5	18.0	19.7	21.6
104.5	13.1	14.2	15.4	16.7	18.2	19.9	21.8
105.0	13.2	14.3	15.5	16.8	18.4	20.1	22.0
105.5	13.3	14.4	15.6	17.0	18.5	20.3	22.2
106.0	13.4	14.5	15.8	17.2	18.7	20.5	22.5
106.5	13.5	14.7	15.9	17.3	18.9	20.7	22.7
107.0	13.7	14.8	16.1	17.5	19.1	20.9	22.9
107.5	13.8	14.9	16.2	17.7	19.3	21.1	23.2
108.0	13.9	15.1	16.4	17.8	19.5	21.3	23.4
108.5	14.0	15.2	16.5	18.0	19.7	21.5	23.7
109.0	14.1	15.3	16.7	18.2	19.8	21.8	23.9
109.5	14.3	15.5	16.8	18.3	20.0	22.0	24.2

男童体重/身高标准差数值表（续2）

身高（cm)	体重（kg)						
	-3SD	-2SD	-1SD	中位数	+1SD	+2SD	+3SD
110.0	14.4	15.6	17.0	18.5	20.2	22.2	24.4
110.5	14.5	15.8	17.1	18.7	20.4	22.4	24.7
111.0	14.6	15.9	17.3	18.9	20.7	22.7	25.0
111.5	14.8	16.0	17.5	19.1	20.9	22.9	25.2
112.0	14.9	16.2	17.6	19.2	21.1	23.1	25.5
112.5	15.0	16.3	17.8	19.4	21.3	23.4	25.8
113.0	15.2	16.5	18.0	19.6	21.5	23.6	26.0
113.5	15.3	16.6	18.1	19.8	21.7	23.9	26.3
114.0	15.4	16.8	18.3	20.0	21.9	24.1	26.6
114.5	15.6	16.9	18.5	20.2	22.1	24.4	26.9
115.0	15.7	17.1	18.6	20.4	22.4	24.6	27.2
115.5	15.8	17.2	18.8	20.6	22.6	24.9	27.5
116.0	16.0	17.4	19.0	20.8	22.8	25.1	27.8
116.5	16.1	17.5	19.2	21.0	23.0	25.4	28.0
117.0	16.2	17.7	19.3	21.2	23.3	25.6	28.3
117.5	16.4	17.9	19.5	21.4	23.5	25.9	28.6
118.0	16.5	18.0	19.7	21.6	23.7	26.1	28.9
118.5	16.7	18.2	19.9	21.8	23.9	26.4	29.2
119.0	16.8	18.3	20.0	22.0	24.1	26.6	29.5
119.5	16.9	18.5	20.2	22.2	24.4	26.9	29.8
120.0	17.1	18.6	20.4	22.4	24.6	27.2	30.1

2006年WHO儿童生长标准

附件12

0～7岁男童体质指数(BMI)/年龄标准差数值表

年龄		体质指数（BMI）						
岁	月	−3SD	−2SD	−1SD	中位数	+1SD	+2SD	+3SD
0	0	10.2	11.1	12.2	13.4	14.8	16.3	18.1
	1	11.3	12.4	13.6	14.9	16.3	17.8	19.4
	2	12.5	13.7	15.0	16.3	17.8	19.4	21.1
	3	13.1	14.3	15.5	16.9	18.4	20.0	21.8
	4	13.4	14.5	15.8	17.2	18.7	20.3	22.1
	5	13.5	14.7	15.9	17.3	18.8	20.5	22.3
0	6	13.6	14.7	16.0	17.3	18.8	20.5	22.3
	7	13.7	14.8	16.0	17.3	18.8	20.5	22.3
	8	13.6	14.7	15.9	17.3	18.7	20.4	22.2
	9	13.6	14.7	15.8	17.2	18.6	20.3	22.1
	10	13.5	14.6	15.7	17.0	18.5	20.1	22.0
	11	13.4	14.5	15.6	16.9	18.4	20.0	21.8
1	0	13.4	14.4	15.5	16.8	18.2	19.8	21.6
	1	13.3	14.3	15.4	16.7	18.1	19.7	21.5
	2	13.2	14.2	15.3	16.6	18.0	19.5	21.3
	3	13.1	14.1	15.2	16.4	17.8	19.4	21.2
	4	13.1	14.0	15.1	16.3	17.7	19.3	21.0
	5	13.0	13.9	15.0	16.2	17.6	19.1	20.9
1	6	12.9	13.9	14.9	16.1	17.5	19.0	20.8
	7	12.9	13.8	14.9	16.1	17.4	18.9	20.7
	8	12.8	13.7	14.8	16.0	17.3	18.8	20.6
	9	12.8	13.7	14.7	15.9	17.2	18.7	20.5
	10	12.7	13.6	14.7	15.8	17.2	18.7	20.4
	11	12.7	13.6	14.6	15.8	17.1	18.6	20.3
2[a]	0[a]	12.7	13.6	14.6	15.7	17.0	18.5	20.3
2[b]	0[b]	12.9	13.8	14.8	16.0	17.3	18.9	20.6
	1	12.8	13.8	14.8	16.0	17.3	18.8	20.5
	2	12.8	13.7	14.8	15.9	17.3	18.8	20.5
	3	12.7	13.7	14.7	15.9	17.2	18.7	20.4
	4	12.7	13.6	14.7	15.9	17.2	18.7	20.4
	5	12.7	13.6	14.7	15.8	17.1	18.6	20.3
2	6	12.6	13.6	14.6	15.8	17.1	18.6	20.2
	7	12.6	13.5	14.6	15.8	17.1	18.5	20.2
	8	12.5	13.5	14.6	15.7	17.0	18.5	20.1
	9	12.5	13.5	14.5	15.7	17.0	18.5	20.1
	10	12.5	13.4	14.5	15.7	17.0	18.4	20.0
	11	12.4	13.4	14.5	15.6	16.9	18.4	20.0
3	0	12.4	13.4	14.4	15.6	16.9	18.4	20.0
	1	12.4	13.3	14.4	15.6	16.9	18.3	19.9
	2	12.3	13.3	14.4	15.5	16.8	18.3	19.9
	3	12.3	13.3	14.3	15.5	16.8	18.3	19.9
	4	12.2	13.2	14.3	15.5	16.8	18.2	19.9
	5	12.2	13.2	14.3	15.5	16.8	18.2	19.9
3	6	12.2	13.2	14.3	15.4	16.8	18.2	19.8
	7	12.2	13.2	14.2	15.4	16.7	18.2	19.8
	8	12.2	13.1	14.2	15.4	16.7	18.2	19.8
	9	12.2	13.1	14.2	15.4	16.7	18.2	19.8
	10	12.1	13.1	14.2	15.4	16.7	18.2	19.8
	11	12.1	13.1	14.2	15.3	16.7	18.2	19.9

0～7岁男童体质指数(BMI)/年龄标准差数值表（续）

年龄		体质指数（BMI）						
岁	月	-3SD	-2SD	-1SD	中位数	+1SD	+2SD	+3SD
4	0	12.1	13.1	14.1	15.3	16.7	18.2	19.9
	1	12.1	13.0	14.1	15.3	16.7	18.2	19.9
	2	12.1	13.0	14.1	15.3	16.7	18.2	19.9
	3	12.1	13.0	14.1	15.3	16.6	18.2	19.9
	4	12.0	13.0	14.1	15.3	16.6	18.2	19.9
	5	12.0	13.0	14.1	15.3	16.6	18.2	20.0
4	6	12.0	13.0	14.0	15.3	16.6	18.2	20.0
	7	12.0	13.0	14.0	15.2	16.6	18.2	20.0
	8	12.0	12.9	14.0	15.2	16.6	18.2	20.1
	9	12.0	12.9	14.0	15.2	16.6	18.2	20.1
	10	12.0	12.9	14.0	15.2	16.6	18.3	20.2
	11	12.0	12.9	14.0	15.2	16.6	18.3	20.2
5	0	12.0	12.9	14.0	15.2	16.6	18.3	20.3
	1	12.1	13.0	14.1	15.3	16.6	18.3	20.2
	2	12.1	13.0	14.1	15.3	16.6	18.3	20.2
	3	12.1	13.0	14.1	15.3	16.7	18.3	20.2
	4	12.1	13.0	14.1	15.3	16.7	18.3	20.3
	5	12.1	13.0	14.1	15.3	16.7	18.3	20.3
5	6	12.1	13.0	14.1	15.3	16.7	18.4	20.4
	7	12.1	13.0	14.1	15.3	16.7	18.4	20.4
	8	12.1	13.0	14.1	15.3	16.7	18.4	20.5
	9	12.1	13.0	14.1	15.3	16.7	18.4	20.5
	10	12.1	13.0	14.1	15.3	16.7	18.5	20.6
	11	12.1	13.0	14.1	15.3	16.7	18.5	20.6
6	0	12.1	13.0	14.1	15.3	16.8	18.5	20.7
	1	12.1	13.0	14.1	15.3	16.8	18.6	20.8
	2	12.2	13.1	14.1	15.3	16.8	18.6	20.8
	3	12.2	13.1	14.1	15.3	16.8	18.6	20.9
	4	12.2	13.1	14.1	15.4	16.8	18.7	21.0
	5	12.2	13.1	14.1	15.4	16.9	18.7	21.0
6	6	12.2	13.1	14.1	15.4	16.9	18.7	21.1
	7	12.2	13.1	14.1	15.4	16.9	18.8	21.2
	8	12.2	13.1	14.2	15.4	16.9	18.8	21.3
	9	12.2	13.1	14.2	15.4	17.0	18.9	21.3
	10	12.2	13.1	14.2	15.4	17.0	18.9	21.4
	11	12.2	13.1	14.2	15.5	17.0	19.0	21.5
7	0	12.3	13.1	14.2	15.5	17.0	19.0	21.6

注：若24月龄的男童使用卧式身长计测量身长，则使用年龄为2ᵃ行的数据，若其使用立式身高计测量身高，则使用年龄为2ᵇ行的数据。此表上0~2岁的BMI值是根据身长计算的，若0~2岁的男童测量的是立式身高，要在身高基础上增加0.7cm，转换成身长后再计算BMI指数。若2~5岁的男童测量的是卧式身长，则要在身长基础上减少0.7cm，转换成身高后再计算。

2006年WHO儿童生长标准

附件13

0～2岁女童身长/年龄、体重/年龄标准差数值表

年龄		身长(cm)							体重(kg)						
岁	月	-3SD	-2SD	-1SD	中位数	+1SD	+2SD	+3SD	-3SD	-2SD	-1SD	中位数	+1SD	+2SD	+3SD
0	0	43.6	45.4	47.3	49.1	51.0	52.9	54.7	2.0	2.4	2.8	3.2	3.7	4.2	4.8
	1	47.8	49.8	51.7	53.7	55.6	57.6	59.5	2.7	3.2	3.6	4.2	4.8	5.5	6.2
	2	51.0	53.0	55.0	57.1	59.1	61.1	63.2	3.4	3.9	4.5	5.1	5.8	6.6	7.5
	3	53.5	55.6	57.7	59.8	61.9	64.0	66.1	4.0	4.5	5.2	5.8	6.6	7.5	8.5
	4	55.6	57.8	59.9	62.1	64.3	66.4	68.6	4.4	5.0	5.7	6.4	7.3	8.2	9.3
	5	57.4	59.6	61.8	64.0	66.2	68.5	70.7	4.8	5.4	6.1	6.9	7.8	8.8	10.0
0	6	58.9	61.2	63.5	65.7	68.0	70.3	72.5	5.1	5.7	6.5	7.3	8.2	9.3	10.6
	7	60.3	62.7	65.0	67.3	69.6	71.9	74.2	5.3	6.0	6.8	7.6	8.6	9.8	11.1
	8	61.7	64.0	66.4	68.7	71.1	73.5	75.8	5.6	6.3	7.0	7.9	9.0	10.2	11.6
	9	62.9	65.3	67.7	70.1	72.6	75.0	77.4	5.8	6.5	7.3	8.2	9.3	10.5	12.0
	10	64.1	66.5	69.0	71.5	73.9	76.4	78.9	5.9	6.7	7.5	8.5	9.6	10.9	12.4
	11	65.2	67.7	70.3	72.8	75.3	77.8	80.3	6.1	6.9	7.7	8.7	9.9	11.2	12.8
1	0	66.3	68.9	71.4	74.0	76.6	79.2	81.7	6.3	7.0	7.9	8.9	10.1	11.5	13.1
	1	67.3	70.0	72.6	75.2	77.8	80.5	83.1	6.4	7.2	8.1	9.2	10.4	11.8	13.5
	2	68.3	71.0	73.7	76.4	79.1	81.7	84.4	6.6	7.4	8.3	9.4	10.6	12.1	13.8
	3	69.3	72.0	74.8	77.5	80.2	83.0	85.7	6.7	7.6	8.5	9.6	10.9	12.4	14.1
	4	70.2	73.0	75.8	78.6	81.4	84.2	87.0	6.9	7.7	8.7	9.8	11.1	12.6	14.5
	5	71.1	74.0	76.8	79.7	82.5	85.4	88.2	7.0	7.9	8.9	10.0	11.4	12.9	14.8
1	6	72.0	74.9	77.8	80.7	83.6	86.5	89.4	7.2	8.1	9.1	10.2	11.6	13.2	15.1
	7	72.8	75.8	78.8	81.7	84.7	87.6	90.6	7.3	8.2	9.2	10.4	11.8	13.5	15.4
	8	73.7	76.7	79.7	82.7	85.7	88.7	91.7	7.5	8.4	9.4	10.6	12.1	13.7	15.7
	9	74.5	77.5	80.6	83.7	86.7	89.8	92.9	7.6	8.6	9.6	10.9	12.3	14.0	16.0
	10	75.2	78.4	81.5	84.6	87.7	90.8	94.0	7.8	8.7	9.8	11.1	12.5	14.3	16.4
	11	76.0	79.2	82.3	85.5	88.7	91.9	95.0	7.9	8.9	10.0	11.3	12.8	14.6	16.7
2	0	76.7	80.0	83.2	86.4	89.6	92.9	96.1	8.1	9.0	10.2	11.5	13.0	14.8	17.0

注: 若24月龄的女童使用立式身高计测量身高，则数值请参见"2-5岁女童身高、体重标准差单位数值表"的24月龄数据。

2006年WHO儿童生长标准

附件14

2～7岁女童身高/年龄、体重/年龄标准差数值表

年龄		身高(cm)							体重(kg)						
岁	月	-3SD	-2SD	-1SD	中位数	+1SD	+2SD	+3SD	-3SD	-2SD	-1SD	中位数	+1SD	+2SD	+3SD
2	0	76.0	79.3	82.5	85.7	88.9	92.2	95.4	8.1	9.0	10.2	11.5	13.0	14.8	17.0
	1	76.8	80.0	83.3	86.6	89.9	93.1	96.4	8.2	9.2	10.3	11.7	13.3	15.1	17.3
	2	77.5	80.8	84.1	87.4	90.8	94.1	97.4	8.4	9.4	10.5	11.9	13.5	15.4	17.7
	3	78.1	81.5	84.9	88.3	91.7	95.0	98.4	8.5	9.5	10.7	12.1	13.7	15.7	18.0
	4	78.8	82.2	85.7	89.1	92.5	96.0	99.4	8.6	9.7	10.9	12.3	14.0	16.0	18.3
	5	79.5	82.9	86.4	89.9	93.4	96.9	100.3	8.8	9.8	11.1	12.5	14.2	16.2	18.7
2	6	80.1	83.6	87.1	90.7	94.2	97.7	101.3	8.9	10.0	11.2	12.7	14.4	16.5	19.0
	7	80.7	84.3	87.9	91.4	95.0	98.6	102.2	9.0	10.1	11.4	12.9	14.7	16.8	19.3
	8	81.3	84.9	88.6	92.2	95.8	99.4	103.1	9.1	10.3	11.6	13.1	14.9	17.1	19.6
	9	81.9	85.6	89.3	92.9	96.6	100.3	103.9	9.3	10.4	11.7	13.3	15.1	17.3	20.0
	10	82.5	86.2	89.9	93.6	97.4	101.1	104.8	9.4	10.5	11.9	13.5	15.4	17.6	20.3
	11	83.1	86.8	90.6	94.4	98.1	101.9	105.6	9.5	10.7	12.0	13.7	15.6	17.9	20.6
3	0	83.6	87.4	91.2	95.1	98.9	102.7	106.5	9.6	10.8	12.2	13.9	15.8	18.1	20.9
	1	84.2	88.0	91.9	95.7	99.6	103.4	107.3	9.7	10.9	12.4	14.0	16.0	18.4	21.3
	2	84.7	88.6	92.5	96.4	100.3	104.2	108.1	9.8	11.1	12.5	14.2	16.3	18.7	21.6
	3	85.3	89.2	93.1	97.1	101.0	105.0	108.9	9.9	11.2	12.7	14.4	16.5	19.0	22.0
	4	85.8	89.8	93.8	97.7	101.7	105.7	109.7	10.1	11.3	12.8	14.6	16.7	19.2	22.3
	5	86.3	90.4	94.4	98.4	102.4	106.4	110.5	10.2	11.5	13.0	14.8	16.9	19.5	22.7
3	6	86.8	90.9	95.0	99.0	103.1	107.2	111.2	10.3	11.6	13.1	15.0	17.2	19.8	23.0
	7	87.4	91.5	95.6	99.7	103.8	107.9	112.0	10.4	11.7	13.3	15.2	17.4	20.1	23.4
	8	87.9	92.0	96.2	100.3	104.5	108.6	112.7	10.5	11.8	13.4	15.3	17.6	20.4	23.7
	9	88.4	92.5	96.7	100.9	105.1	109.3	113.5	10.6	12.0	13.6	15.5	17.8	20.7	24.1
	10	88.9	93.1	97.3	101.5	105.8	110.0	114.2	10.7	12.1	13.7	15.7	18.1	20.9	24.5
	11	89.3	93.6	97.9	102.1	106.4	110.7	114.9	10.8	12.2	13.9	15.9	18.3	21.2	24.8
4	0	89.8	94.1	98.4	102.7	107.0	111.3	115.7	10.9	12.3	14.0	16.1	18.5	21.5	25.2
	1	90.3	94.6	99.0	103.3	107.7	112.0	116.4	11.0	12.4	14.2	16.3	18.8	21.8	25.5
	2	90.7	95.1	99.5	103.9	108.3	112.7	117.1	11.1	12.6	14.3	16.4	19.0	22.1	25.9
	3	91.2	95.6	100.1	104.5	108.9	113.3	117.7	11.2	12.7	14.5	16.6	19.2	22.4	26.3
	4	91.7	96.1	100.6	105.0	109.5	114.0	118.4	11.3	12.8	14.6	16.8	19.4	22.6	26.6
	5	92.1	96.6	101.1	105.6	110.1	114.6	119.1	11.4	12.9	14.8	17.0	19.7	22.9	27.0

2～7岁女童身高/年龄、体重/年龄标准差数值表（续）

年龄		身高(cm)							体重(kg)						
岁	月	-3SD	-2SD	-1SD	中位数	+1SD	+2SD	+3SD	-3SD	-2SD	-1SD	中位数	+1SD	+2SD	+3SD
4	6	92.6	97.1	101.6	106.2	110.7	115.2	119.8	11.5	13.0	14.9	17.2	19.9	23.2	27.4
	7	93.0	97.6	102.2	106.7	111.3	115.9	120.4	11.6	13.2	15.1	17.3	20.1	23.5	27.7
	8	93.4	98.1	102.7	107.3	111.9	116.5	121.1	11.7	13.3	15.2	17.5	20.3	23.8	28.1
	9	93.9	98.5	103.2	107.8	112.5	117.1	121.8	11.8	13.4	15.3	17.7	20.6	24.1	28.5
	10	94.3	99.0	103.7	108.4	113.0	117.7	122.4	11.9	13.5	15.5	17.9	20.8	24.4	28.8
	11	94.7	99.5	104.2	108.9	113.6	118.3	123.1	12.0	13.6	15.6	18.0	21.0	24.6	29.2
5	0	95.2	99.9	104.7	109.4	114.2	118.9	123.7	12.1	13.7	15.8	18.2	21.2	24.9	29.5
	1	95.3	100.1	104.8	109.6	114.4	119.1	123.9	12.4	14.0	15.9	18.3	21.2	24.8	29.5
	2	95.7	100.5	105.3	110.1	114.9	119.7	124.5	12.5	14.1	16.0	18.4	21.4	25.1	29.8
	3	96.1	101.0	105.8	110.6	115.5	120.3	125.2	12.6	14.2	16.2	18.6	21.6	25.4	30.2
	4	96.5	101.4	106.3	111.2	116.0	120.9	125.8	12.7	14.3	16.3	18.8	21.8	25.6	30.5
	5	97.0	101.9	106.8	111.7	116.6	121.5	126.4	12.8	14.4	16.5	19.0	22.0	25.9	30.9
5	6	97.4	102.3	107.2	112.2	117.1	122.0	127.0	12.9	14.6	16.6	19.1	22.2	26.2	31.3
	7	97.8	102.7	107.7	112.7	117.6	122.6	127.6	13.0	14.7	16.8	19.3	22.5	26.5	31.6
	8	98.2	103.2	108.2	113.2	118.2	123.2	128.2	13.1	14.8	16.9	19.5	22.7	26.7	32.0
	9	98.6	103.6	108.6	113.7	118.7	123.7	128.8	13.2	14.9	17.0	19.6	22.9	27.0	32.3
	10	99.0	104.0	109.1	114.2	119.2	124.3	129.3	13.3	15.0	17.2	19.8	23.1	27.3	32.7
	11	99.4	104.5	109.6	114.6	119.7	124.8	129.9	13.4	15.2	17.3	20.0	23.3	27.6	33.1
6	0	99.8	104.9	110.0	115.1	120.2	125.4	130.5	13.5	15.3	17.5	20.2	23.5	27.8	33.4
	1	100.2	105.3	110.5	115.6	120.8	125.9	131.1	13.6	15.4	17.6	20.3	23.8	28.1	33.8
	2	100.5	105.7	110.9	116.1	121.3	126.4	131.6	13.7	15.5	17.8	20.5	24.0	28.4	34.2
	3	100.9	106.1	111.3	116.6	121.8	127.0	132.2	13.8	15.6	17.9	20.7	24.2	28.7	34.6
	4	101.3	106.6	111.8	117.0	122.3	127.5	132.7	13.9	15.8	18.0	20.9	24.4	29.0	35.0
	5	101.7	107.0	112.2	117.5	122.8	128.0	133.3	14.0	15.9	18.2	21.0	24.6	29.3	35.4
6	6	102.1	107.4	112.7	118.0	123.3	128.6	133.9	14.1	16.0	18.3	21.2	24.9	29.6	35.8
	7	102.5	107.8	113.1	118.4	123.8	129.1	134.4	14.2	16.1	18.5	21.4	25.1	29.9	36.2
	8	102.9	108.2	113.6	118.9	124.3	129.6	135.0	14.3	16.3	18.6	21.6	25.3	30.2	36.6
	9	103.2	108.6	114.0	119.4	124.8	130.2	135.5	14.4	16.4	18.8	21.8	25.6	30.5	37.0
	10	103.6	109.0	114.5	119.9	125.3	130.7	136.1	14.5	16.5	18.9	22.0	25.8	30.8	37.4
	11	104.0	109.5	114.9	120.3	125.8	131.2	136.7	14.6	16.6	19.1	22.2	26.1	31.1	37.8
7	0	104.4	109.9	115.3	120.8	126.3	131.7	137.2	14.8	16.8	19.3	22.4	26.3	31.4	38.3

2006年WHO儿童生长标准

附件15

0～5岁女童头围/年龄标准差数值表

年龄		头围（cm）						
岁	月	-3SD	-2SD	-1SD	中位数	+1SD	+2SD	+3SD
0	0	30.3	31.5	32.7	33.9	35.1	36.2	37.4
	1	33.0	34.2	35.4	36.5	37.7	38.9	40.1
	2	34.6	35.8	37.0	38.3	39.5	40.7	41.9
	3	35.8	37.1	38.3	39.5	40.8	42.0	43.3
	4	36.8	38.1	39.3	40.6	41.8	43.1	44.4
	5	37.6	38.9	40.2	41.5	42.7	44.0	45.3
0	6	38.3	39.6	40.9	42.2	43.5	44.8	46.1
	7	38.9	40.2	41.5	42.8	44.1	45.5	46.8
	8	39.4	40.7	42.0	43.4	44.7	46.0	47.4
	9	39.8	41.2	42.5	43.8	45.2	46.5	47.8
	10	40.2	41.5	42.9	44.2	45.6	46.9	48.3
	11	40.5	41.9	43.2	44.6	45.9	47.3	48.6
1	0	40.8	42.2	43.5	44.9	46.3	47.6	49.0
	1	41.1	42.4	43.8	45.2	46.5	47.9	49.3
	2	41.3	42.7	44.1	45.4	46.8	48.2	49.5
	3	41.5	42.9	44.3	45.7	47.0	48.4	49.8
	4	41.7	43.1	44.5	45.9	47.2	48.6	50.0
	5	41.9	43.3	44.7	46.1	47.4	48.8	50.2
1	6	42.1	43.5	44.9	46.2	47.6	49.0	50.4
	7	42.3	43.6	45.0	46.4	47.8	49.2	50.6
	8	42.4	43.8	45.2	46.6	48.0	49.4	50.7
	9	42.6	44.0	45.3	46.7	48.1	49.5	50.9
	10	42.7	44.1	45.5	46.9	48.3	49.7	51.1
	11	42.9	44.3	45.6	47.0	48.4	49.8	51.2
2	0	43.0	44.4	45.8	47.2	48.6	50.0	51.4
	1	43.1	44.5	45.9	47.3	48.7	50.1	51.5
	2	43.3	44.7	46.1	47.5	48.9	50.3	51.7
	3	43.4	44.8	46.2	47.6	49.0	50.4	51.8
	4	43.5	44.9	46.3	47.7	49.1	50.5	51.9
	5	43.6	45.0	46.4	47.8	49.2	50.6	52.0
2	6	43.7	45.1	46.5	47.9	49.3	50.7	52.2
	7	43.8	45.2	46.6	48.0	49.4	50.9	52.3
	8	43.9	45.3	46.7	48.1	49.6	51.0	52.4
	9	44.0	45.4	46.8	48.2	49.7	51.1	52.5
	10	44.1	45.5	46.9	48.3	49.7	51.2	52.6
	11	44.2	45.6	47.0	48.4	49.8	51.2	52.7
3	0	44.3	45.7	47.1	48.5	49.9	51.3	52.7
	1	44.4	45.8	47.2	48.6	50.0	51.4	52.8
	2	44.4	45.8	47.3	48.7	50.1	51.5	52.9
	3	44.5	45.9	47.3	48.7	50.2	51.6	53.0
	4	44.6	46.0	47.4	48.8	50.2	51.7	53.1
	5	44.6	46.1	47.5	48.9	50.3	51.7	53.1

0～5岁女童头围/年龄标准差数值表（续）

年龄		头围（cm）						
岁	月	-3SD	-2SD	-1SD	中位数	+1SD	+2SD	+3SD
3	6	44.7	46.1	47.5	49.0	50.4	51.8	53.2
	7	44.8	46.2	47.6	49.0	50.4	51.9	53.3
	8	44.8	46.3	47.7	49.1	50.5	51.9	53.3
	9	44.9	46.3	47.7	49.2	50.6	52.0	53.4
	10	45.0	46.4	47.8	49.2	50.6	52.1	53.5
	11	45.0	46.4	47.9	49.3	50.7	52.1	53.5
4	0	45.1	46.5	47.9	49.3	50.8	52.2	53.6
	1	45.1	46.5	48.0	49.4	50.8	52.2	53.6
	2	45.2	46.6	48.0	49.4	50.9	52.3	53.7
	3	45.2	46.7	48.1	49.5	50.9	52.3	53.8
	4	45.3	46.7	48.1	49.5	51.0	52.4	53.8
	5	45.3	46.8	48.2	49.6	51.0	52.4	53.9
4	6	45.4	46.8	48.2	49.6	51.1	52.5	53.9
	7	45.4	46.9	48.3	49.7	51.1	52.5	54.0
	8	45.5	46.9	48.3	49.7	51.2	52.6	54.0
	9	45.5	46.9	48.4	49.8	51.2	52.6	54.1
	10	45.6	47.0	48.4	49.8	51.3	52.7	54.1
	11	45.6	47.0	48.5	49.9	51.3	52.7	54.1
5	0	45.7	47.1	48.5	49.9	51.3	52.8	54.2

2006年WHO儿童生长标准

附件16

女童体重/身长标准差数值表

身长（cm）	体重（kg）						
	-3SD	-2SD	-1SD	中位数	+1SD	+2SD	+3SD
45.0	1.9	2.1	2.3	2.5	2.7	3.0	3.3
45.5	2.0	2.1	2.3	2.5	2.8	3.1	3.4
46.0	2.0	2.2	2.4	2.6	2.9	3.2	3.5
46.5	2.1	2.3	2.5	2.7	3.0	3.3	3.6
47.0	2.2	2.4	2.6	2.8	3.1	3.4	3.7
47.5	2.2	2.4	2.6	2.9	3.2	3.5	3.8
48.0	2.3	2.5	2.7	3.0	3.3	3.6	4.0
48.5	2.4	2.6	2.8	3.1	3.4	3.7	4.1
49.0	2.4	2.6	2.9	3.2	3.5	3.8	4.2
49.5	2.5	2.7	3.0	3.3	3.6	3.9	4.3
50.0	2.6	2.8	3.1	3.4	3.7	4.0	4.5
50.5	2.7	2.9	3.2	3.5	3.8	4.2	4.6
51.0	2.8	3.0	3.3	3.6	3.9	4.3	4.8
51.5	2.8	3.1	3.4	3.7	4.0	4.4	4.9
52.0	2.9	3.2	3.5	3.8	4.2	4.6	5.1
52.5	3.0	3.3	3.6	3.9	4.3	4.7	5.2
53.0	3.1	3.4	3.7	4.0	4.4	4.9	5.4
53.5	3.2	3.5	3.8	4.2	4.6	5.0	5.5
54.0	3.3	3.6	3.9	4.3	4.7	5.2	5.7
54.5	3.4	3.7	4.0	4.4	4.8	5.3	5.9
55.0	3.5	3.8	4.2	4.5	5.0	5.5	6.1
55.5	3.6	3.9	4.3	4.7	5.1	5.7	6.3
56.0	3.7	4.0	4.4	4.8	5.3	5.8	6.4
56.5	3.8	4.1	4.5	5.0	5.4	6.0	6.6
57.0	3.9	4.3	4.6	5.1	5.6	6.1	6.8
57.5	4.0	4.4	4.8	5.2	5.7	6.3	7.0
58.0	4.1	4.5	4.9	5.4	5.9	6.5	7.1
58.5	4.2	4.6	5.0	5.5	6.0	6.6	7.3
59.0	4.3	4.7	5.1	5.6	6.2	6.8	7.5
59.5	4.4	4.8	5.3	5.7	6.3	6.9	7.7
60.0	4.5	4.9	5.4	5.9	6.4	7.1	7.8
60.5	4.6	5.0	5.5	6.0	6.6	7.3	8.0
61.0	4.7	5.1	5.6	6.1	6.7	7.4	8.2
61.5	4.8	5.2	5.7	6.3	6.9	7.6	8.4
62.0	4.9	5.3	5.8	6.4	7.0	7.7	8.5
62.5	5.0	5.4	5.9	6.5	7.1	7.8	8.7
63.0	5.1	5.5	6.0	6.6	7.3	8.0	8.8
63.5	5.2	5.6	6.2	6.7	7.4	8.1	9.0
64.0	5.3	5.7	6.3	7.0	7.5	8.3	9.1
64.5	5.4	5.8	6.4	7.0	7.6	8.4	9.3
65.0	5.5	5.9	6.5	7.1	7.8	8.6	9.5
65.5	5.5	6.0	6.6	7.2	7.9	8.7	9.6
66.0	5.6	6.1	6.7	7.3	8.0	8.8	9.8
66.5	5.7	6.2	6.8	7.4	8.1	9.0	9.9
67.0	5.8	6.3	6.9	7.5	8.3	9.1	10.0

女童体重/身长标准差数值表（续1）

身长（cm）	体重（kg）						
	-3SD	-2SD	-1SD	中位数	+1SD	+2SD	+3SD
67.5	5.9	6.4	7.0	7.6	8.4	9.2	10.2
68.0	6.0	6.5	7.1	7.7	8.5	9.4	10.3
68.5	6.1	6.6	7.2	7.9	8.6	9.5	10.5
69.0	6.1	6.7	7.3	8.0	8.7	9.6	10.6
69.5	6.2	6.8	7.4	8.1	8.8	9.7	10.7
70.0	6.3	6.9	7.5	8.2	9.0	9.9	10.9
70.5	6.4	6.9	7.6	8.3	9.1	10.0	11.0
71.0	6.5	7.0	7.7	8.4	9.2	10.1	11.1
71.5	6.5	7.1	7.7	8.5	9.3	10.2	11.3
72.0	6.6	7.2	7.8	8.6	9.4	10.3	11.4
72.5	6.7	7.3	7.9	8.7	9.5	10.5	11.5
73.0	6.8	7.4	8.0	8.8	9.6	10.6	11.7
73.5	6.9	7.4	8.1	8.9	9.7	10.7	11.8
74.0	6.9	7.5	8.2	9.0	9.8	10.8	11.9
74.5	7.0	7.6	8.3	9.1	9.9	10.9	12.0
75.0	7.1	7.7	8.4	9.1	10.0	11.0	12.2
75.5	7.1	7.8	8.5	9.2	10.1	11.1	12.3
76.0	7.2	7.8	8.5	9.3	10.2	11.2	12.4
76.5	7.3	7.9	8.6	9.4	10.3	11.4	12.5
77.0	7.4	8.0	8.7	9.5	10.4	11.5	12.6
77.5	7.4	8.1	8.8	9.6	10.5	11.6	12.8
78.0	7.5	8.2	8.9	9.7	10.6	11.7	12.9
78.5	7.6	8.2	9.0	9.8	10.7	11.8	13.0
79.0	7.7	8.3	9.1	9.9	10.8	11.9	13.1
79.5	7.7	8.4	9.1	10.0	10.9	12.0	13.3
80.0	7.8	8.5	9.2	10.1	11.0	12.1	13.4
80.5	7.9	8.6	9.3	10.2	11.2	12.3	13.5
81.0	8.0	8.7	9.4	10.3	11.3	12.4	13.7
81.5	8.1	8.8	9.5	10.4	11.4	12.5	13.8
82.0	8.1	8.8	9.6	10.5	11.5	12.6	13.9
82.5	8.2	8.9	9.7	10.6	11.6	12.8	14.1
83.0	8.3	9.0	9.8	10.7	11.8	12.9	14.2
83.5	8.4	9.1	9.9	10.9	11.9	13.1	14.4
84.0	8.5	9.2	10.1	11.0	12.0	13.2	14.5
84.5	8.6	9.3	10.2	11.1	12.1	13.3	14.7
85.0	8.7	9.4	10.3	11.2	12.3	13.5	14.9
85.5	8.8	9.5	10.4	11.3	12.4	13.6	15.0
86.0	8.9	9.7	10.5	11.5	12.6	13.8	15.2
86.5	9.0	9.8	10.6	11.6	12.7	13.9	15.4
87.0	9.1	9.9	10.7	11.7	12.8	14.1	15.5
87.5	9.2	10.0	10.9	11.8	13.0	14.2	15.7
88.0	9.3	10.1	11.0	12.0	13.1	14.4	15.9
88.5	9.4	10.2	11.1	12.1	13.2	14.5	16.0
89.0	9.5	10.3	11.2	12.2	13.4	14.7	16.2
89.5	9.6	10.4	11.3	12.3	13.5	14.8	16.4

女童体重/身长标准差数值表（续2）

身长（cm）	体重（kg）						
	−3SD	−2SD	−1SD	中位数	+1SD	+2SD	+3SD
90.0	9.7	10.5	11.4	12.5	13.7	15.0	16.5
90.5	9.8	10.6	11.5	12.6	13.8	15.1	16.7
91.0	9.9	10.7	11.7	12.7	13.9	15.3	16.9
91.5	10.0	10.8	11.8	12.8	14.1	15.5	17.0
92.0	10.1	10.9	11.9	13.0	14.2	15.6	17.2
92.5	10.1	11.0	12.0	13.1	14.3	15.8	17.4
93.0	10.2	11.1	12.1	13.2	14.5	15.9	17.5
93.5	10.3	11.2	12.2	13.3	14.6	16.1	17.7
94.0	10.4	11.3	12.3	13.5	14.7	16.2	17.9
94.5	10.5	11.4	12.4	13.6	14.9	16.4	18.0
95.0	10.6	11.5	12.6	13.7	15.0	16.5	18.2
95.5	10.7	11.6	12.7	13.8	15.2	16.7	18.4
96.0	10.8	11.7	12.8	14.0	15.3	16.8	18.6
96.5	10.9	11.8	12.9	14.1	15.4	17.0	18.7
97.0	11.0	12.0	13.0	14.2	15.6	17.1	18.9
97.5	11.1	12.1	13.1	14.4	15.7	17.3	19.1
98.0	11.2	12.2	13.3	14.5	15.9	17.5	19.3
98.5	11.3	12.3	13.4	14.6	16.0	17.6	19.5
99.0	11.4	12.4	13.5	14.8	16.2	17.8	19.6
99.5	11.5	12.5	13.6	14.9	16.3	18.0	19.8
100.0	11.6	12.6	13.7	15.0	16.5	18.1	20.0
100.5	11.7	12.7	13.9	15.2	16.6	18.3	20.2
101.0	11.8	12.8	14.0	15.3	16.8	18.5	20.4
101.5	11.9	13.0	14.1	15.5	17.0	18.7	20.6
102.0	12.0	13.1	14.3	15.6	17.1	18.9	20.8
102.5	12.1	13.2	14.4	15.8	17.3	19.0	21.0
103.0	12.3	13.3	14.5	15.9	17.5	19.2	21.3
103.5	12.4	13.5	14.7	16.1	17.6	19.4	21.5
104.0	12.5	13.6	14.8	16.2	17.8	19.6	21.7
104.5	12.6	13.7	15.0	16.4	18.0	19.8	21.9
105.0	12.7	13.8	15.1	16.5	18.2	20.0	22.2
105.5	12.8	14.0	15.3	16.7	18.4	20.2	22.4
106.0	13.0	14.1	15.4	16.9	18.5	20.5	22.6
106.5	13.1	14.3	15.6	17.1	18.7	20.7	22.9
107.0	13.2	14.4	15.7	17.2	18.9	20.9	23.1
107.5	13.3	14.5	15.9	17.4	19.1	21.1	23.4
108.0	13.5	14.7	16.0	17.6	19.3	21.3	23.6
108.5	13.6	14.8	16.2	17.8	19.5	21.6	23.9
109.0	13.7	15.0	16.4	18.0	19.7	21.8	24.2
109.5	13.9	15.1	16.5	18.1	20.0	22.0	24.4
110.0	14.0	15.3	16.7	18.3	20.2	22.3	24.7

2006年WHO儿童生长标准

附件17

女童体重/身高标准差数值表

身高（cm）	体重（kg）						
	−3SD	−2SD	−1SD	中位数	+1SD	+2SD	+3SD
65.0	5.6	6.1	6.6	7.2	7.9	8.7	9.7
65.5	5.7	6.2	6.7	7.4	8.1	8.9	9.8
66.0	5.8	6.3	6.8	7.5	8.2	9.0	10.0
66.5	5.8	6.4	6.9	7.6	8.3	9.1	10.1
67.0	5.9	6.4	7.0	7.7	8.4	9.3	10.2
67.5	6.0	6.5	7.1	7.8	8.5	9.4	10.4
68.0	6.1	6.6	7.2	7.9	8.7	9.5	10.5
68.5	6.2	6.7	7.3	8.0	8.8	9.7	10.7
69.0	6.3	6.8	7.4	8.1	8.9	9.8	10.8
69.5	6.3	6.9	7.5	8.2	9.0	9.9	10.9
70.0	6.4	7.0	7.6	8.3	9.1	10.0	11.1
70.5	6.5	7.1	7.7	8.4	9.2	10.1	11.2
71.0	6.6	7.1	7.8	8.5	9.3	10.3	11.3
71.5	6.7	7.2	7.9	8.6	9.4	10.4	11.5
72.0	6.7	7.3	8.0	8.7	9.5	10.5	11.6
72.5	6.8	7.4	8.1	8.8	9.7	10.6	11.7
73.0	6.9	7.5	8.1	8.9	9.8	10.7	11.8
73.5	7.0	7.6	8.2	9.0	9.9	10.8	12.0
74.0	7.0	7.6	8.3	9.1	10.0	11.0	12.1
74.5	7.1	7.7	8.4	9.2	10.1	11.1	12.2
75.0	7.2	7.8	8.5	9.3	10.2	11.2	12.3
75.5	7.2	7.9	8.6	9.4	10.3	11.3	12.5
76.0	7.3	8.0	8.7	9.5	10.4	11.4	12.6
76.5	7.4	8.0	8.7	9.6	10.5	11.5	12.7
77.0	7.5	8.1	8.8	9.6	10.6	11.6	12.8
77.5	7.5	8.2	8.9	9.7	10.7	11.7	12.9
78.0	7.6	8.3	9.0	9.8	10.8	11.8	13.1
78.5	7.7	8.4	9.1	9.9	10.9	12.0	13.2
79.0	7.8	8.4	9.2	10.0	11.0	12.1	13.3
79.5	7.8	8.5	9.3	10.1	11.1	12.2	13.4
80.0	7.9	8.6	9.4	10.2	11.2	12.3	13.6
80.5	8.0	8.7	9.5	10.3	11.3	12.4	13.7
81.0	8.1	8.8	9.6	10.4	11.4	12.6	13.9
81.5	8.2	8.9	9.7	10.6	11.6	12.7	14.0
82.0	8.3	9.0	9.8	10.7	11.7	12.8	14.1
82.5	8.4	9.1	9.9	10.8	11.8	13.0	14.3
83.0	8.5	9.2	10.0	10.9	11.9	13.1	14.5
83.5	8.5	9.3	10.1	11.0	12.1	13.3	14.6
84.0	8.6	9.4	10.2	11.1	12.2	13.4	14.8
84.5	8.7	9.5	10.3	11.3	12.3	13.5	14.9
85.0	8.8	9.6	10.4	11.4	12.5	13.7	15.1
85.5	8.9	9.7	10.6	11.5	12.6	13.8	15.3
86.0	9.0	9.8	10.7	11.6	12.7	14.0	15.4
86.5	9.1	9.9	10.8	11.8	12.9	14.2	15.6
87.0	9.2	10.0	10.9	11.9	13.0	14.3	15.8

女童体重/身高标准差数值表（续1）

身高（cm）	体重（kg）						
	-3SD	-2SD	-1SD	中位数	+1SD	+2SD	+3SD
87.5	9.3	10.1	11.0	12.0	13.2	14.5	15.9
88.0	9.4	10.2	11.1	12.1	13.3	14.6	16.1
88.5	9.5	10.3	11.2	12.3	13.4	14.8	16.3
89.0	9.6	10.4	11.4	12.4	13.6	14.9	16.4
89.5	9.7	10.5	11.5	12.5	13.7	15.1	16.6
90.0	9.8	10.6	11.6	12.6	13.8	15.2	16.8
90.5	9.9	10.7	11.7	12.8	14.0	15.4	16.9
91.0	10.0	10.9	11.8	12.9	14.1	15.5	17.1
91.5	10.1	11.0	11.9	13.0	14.3	15.7	17.3
92.0	10.2	11.1	12.0	13.1	14.4	15.8	17.4
92.5	10.3	11.2	12.1	13.3	14.5	16.0	17.6
93.0	10.4	11.3	12.3	13.4	14.7	16.1	17.8
93.5	10.5	11.4	12.4	13.5	14.8	16.3	17.9
94.0	10.6	11.5	12.5	13.6	14.9	16.4	18.1
94.5	10.7	11.6	12.6	13.8	15.1	16.6	18.3
95.0	10.8	11.7	12.7	13.9	15.2	16.7	18.5
95.5	10.8	11.8	12.8	14.0	15.4	16.9	18.6
96.0	10.9	11.9	12.9	14.1	15.5	17.0	18.8
96.5	11.0	12.0	13.1	14.3	15.6	17.2	19.0
97.0	11.1	12.1	13.2	14.4	15.8	17.4	19.2
97.5	11.2	12.2	13.3	14.5	15.9	17.5	19.3
98.0	11.3	12.3	13.4	14.7	16.1	17.7	19.5
98.5	11.4	12.4	13.5	14.8	16.2	17.9	19.7
99.0	11.5	12.5	13.7	14.9	16.4	18.0	19.9
99.5	11.6	12.7	13.8	15.1	16.5	18.2	20.1
100.0	11.7	12.8	13.9	15.2	16.7	18.4	20.3
100.5	11.9	12.9	14.1	15.4	16.9	18.6	20.5
101.0	12.0	13.0	14.2	15.5	17.0	18.7	20.7
101.5	12.1	13.1	14.3	15.7	17.2	18.9	20.9
102.0	12.2	13.3	14.5	15.8	17.4	19.1	21.1
102.5	12.3	13.4	14.6	16.0	17.5	19.3	21.4
103.0	12.4	13.5	14.7	16.1	17.7	19.5	21.6
103.5	12.5	13.6	14.9	16.3	17.9	19.7	21.8
104.0	12.6	13.8	15.0	16.4	18.1	19.9	22.0
104.5	12.8	13.9	15.2	16.6	18.2	20.1	22.3
105.0	12.9	14.0	15.3	16.8	18.4	20.3	22.5
105.5	13.0	14.2	15.5	16.9	18.6	20.5	22.7
106.0	13.1	14.3	15.6	17.1	18.8	20.8	23.0
106.5	13.3	14.5	15.8	17.3	19.0	21.0	23.2
107.0	13.4	14.6	15.9	17.5	19.2	21.2	23.5
107.5	13.5	14.7	16.1	17.7	19.4	21.4	23.7
108.0	13.7	14.9	16.3	17.8	19.6	21.7	24.0
108.5	13.8	15.0	16.4	18.0	19.8	21.9	24.3
109.0	13.9	15.2	16.6	18.2	20.0	22.1	24.5
109.5	14.1	15.4	16.8	18.4	20.3	22.4	24.8

女童体重/身高标准差数值表（续2）

身高（cm）	体重（kg）						
	-3SD	-2SD	-1SD	中位数	+1SD	+2SD	+3SD
110.0	14.2	15.5	17.0	18.6	20.5	22.6	25.1
110.5	14.4	15.7	17.1	18.8	20.7	22.9	25.4
111.0	14.5	15.8	17.3	19.0	20.9	23.1	25.7
111.5	14.7	16.0	17.5	19.2	21.2	23.4	26.0
112.0	14.8	16.2	17.7	19.4	21.4	23.6	26.2
112.5	15.0	16.3	17.9	19.6	21.6	23.9	26.5
113.0	15.1	16.5	18.0	19.8	21.8	24.2	26.8
113.5	15.3	16.7	18.2	20.0	22.1	24.4	27.1
114.0	15.4	16.8	18.4	20.2	22.3	24.7	27.4
114.5	15.6	17.0	18.6	20.5	22.6	25.0	27.8
115.0	15.7	17.2	18.8	20.7	22.8	25.2	28.1
115.5	15.9	17.3	19.0	20.9	23.0	25.5	28.4
116.0	16.0	17.5	19.2	21.1	23.3	25.8	28.7
116.5	16.2	17.7	19.4	21.3	23.5	26.1	29.0
117.0	16.3	17.8	19.6	21.5	23.8	26.3	29.3
117.5	16.5	18.0	19.8	21.7	24.0	26.6	29.6
118.0	16.6	18.2	19.9	22.0	24.2	26.9	29.9
118.5	16.8	18.4	20.1	22.2	24.5	27.2	30.3
119.0	16.9	18.5	20.3	22.4	24.7	27.4	30.6
119.5	17.1	18.7	20.5	22.6	25.0	27.7	30.9
120.0	17.3	18.9	20.7	22.8	25.2	28.0	31.2

2006年WHO儿童生长标准

附件18

0～7岁女童体质指数(BMI)/年龄标准差数值表

年龄		体质指数（BMI）						
岁	月	-3SD	-2SD	-1SD	中位数	+1SD	+2SD	+3SD
0	0	10.1	11.1	12.2	13.3	14.6	16.1	17.7
	1	10.8	12.0	13.2	14.6	16.0	17.5	19.1
	2	11.8	13.0	14.3	15.8	17.3	19.0	20.7
	3	12.4	13.6	14.9	16.4	17.9	19.7	21.5
	4	12.7	13.9	15.2	16.7	18.3	20.0	22.0
	5	12.9	14.1	15.4	16.8	18.4	20.2	22.2
0	6	13.0	14.1	15.5	16.9	18.5	20.3	22.3
	7	13.0	14.2	15.5	16.9	18.5	20.3	22.3
	8	13.0	14.1	15.4	16.8	18.4	20.2	22.2
	9	12.9	14.1	15.3	16.7	18.3	20.1	22.1
	10	12.9	14.0	15.2	16.6	18.2	19.9	21.9
	11	12.8	13.9	15.1	16.5	18.0	19.8	21.8
1	0	12.7	13.8	15.0	16.4	17.9	19.6	21.6
	1	12.6	13.7	14.9	16.2	17.7	19.5	21.4
	2	12.6	13.6	14.8	16.1	17.6	19.3	21.3
	3	12.5	13.5	14.7	16.0	17.5	19.2	21.1
	4	12.4	13.5	14.6	15.9	17.4	19.1	21.0
	5	12.4	13.4	14.5	15.8	17.3	18.9	20.9
1	6	12.3	13.3	14.4	15.7	17.2	18.8	20.8
	7	12.3	13.3	14.4	15.7	17.1	18.8	20.7
	8	12.2	13.2	14.3	15.6	17.0	18.7	20.6
	9	12.2	13.2	14.3	15.5	17.0	18.6	20.5
	10	12.2	13.1	14.2	15.5	16.9	18.5	20.4
	11	12.2	13.1	14.2	15.4	16.9	18.5	20.4
2[a]	0[a]	12.1	13.1	14.2	15.4	16.8	18.4	20.3
2[b]	0[b]	12.4	13.3	14.4	15.7	17.1	18.7	20.6
	1	12.4	13.3	14.4	15.7	17.1	18.7	20.6
	2	12.3	13.3	14.4	15.6	17.0	18.7	20.6
	3	12.3	13.3	14.4	15.6	17.0	18.6	20.5
	4	12.3	13.3	14.3	15.6	17.0	18.6	20.5
	5	12.3	13.2	14.3	15.6	17.0	18.6	20.4
2	6	12.3	13.2	14.3	15.5	16.9	18.5	20.4
	7	12.2	13.2	14.3	15.5	16.9	18.5	20.4
	8	12.2	13.2	14.3	15.5	16.9	18.5	20.4
	9	12.2	13.1	14.2	15.5	16.9	18.5	20.3
	10	12.2	13.1	14.2	15.4	16.8	18.5	20.3
	11	12.1	13.1	14.2	15.4	16.8	18.4	20.3
3	0	12.1	13.1	14.2	15.4	16.8	18.4	20.3
	1	12.1	13.1	14.1	15.4	16.8	18.4	20.3
	2	12.1	13.0	14.1	15.4	16.8	18.4	20.3
	3	12.0	13.0	14.1	15.3	16.8	18.4	20.3
	4	12.0	13.0	14.1	15.3	16.8	18.4	20.3
	5	12.0	13.0	14.1	15.3	16.8		20.4
3	6	12.0	12.9	14.0	15.3	16.8	18.4	20.4
	7	11.9	12.9	14.0	15.3	16.8	18.4	20.4
	8	11.9	12.9	14.0	15.3	16.8	18.5	20.4
	9	11.9	12.9	14.0	15.3	16.8	18.5	20.5
	10	11.9	12.9	14.0	15.3	16.8	18.5	20.5
	11	11.8	12.8	14.0	15.3	16.8	18.5	20.5

0~7岁女童体质指数(BMI)/年龄标准差数值表（续）

年龄		体质指数（BMI）						
岁	月	−3SD	−2SD	−1SD	中位数	+1SD	+2SD	+3SD
4	0	11.8	12.8	14.0	15.3	16.8	18.5	20.6
	1	11.8	12.8	13.9	15.3	16.8	18.5	20.6
	2	11.8	12.8	13.9	15.3	16.8	18.6	20.7
	3	11.8	12.8	13.9	15.3	16.8	18.6	20.7
	4	11.7	12.8	13.9	15.2	16.8	18.6	20.7
	5	11.7	12.7	13.9	15.3	16.8	18.6	20.8
4	6	11.7	12.7	13.9	15.3	16.8	18.7	20.8
	7	11.7	12.7	13.9	15.3	16.8	18.7	20.9
	8	11.7	12.7	13.9	15.3	16.8	18.7	20.9
	9	11.7	12.7	13.9	15.3	16.9	18.7	21.0
	10	11.7	12.7	13.9	15.3	16.9	18.8	21.0
	11	11.6	12.7	13.9	15.3	16.9	18.8	21.0
5	0	11.6	12.7	13.9	15.3	16.9	18.8	21.1
	1	11.8	12.7	13.9	15.2	16.9	18.9	21.3
	2	11.8	12.7	13.9	15.2	16.9	18.9	21.4
	3	11.8	12.7	13.9	15.2	−16.9	18.9	21.5
	4	11.8	12.7	13.9	15.2	16.9	18.9	21.5
	5	11.7	12.7	13.9	15.2	16.9	19.0	21.6
5	6	11.7	12.7	13.9	15.2	16.9	19.0	21.7
	7	11.7	12.7	13.9	15.2	16.9	19.0	21.7
	8	11.7	12.7	13.9	15.3	17.0	19.1	21.8
	9	11.7	12.7	13.9	15.3	17.0	19.1	21.9
	10	11.7	12.7	13.9	15.3	17.0	19.1	22.0
	11	11.7	12.7	13.9	15.3	17.0	19.2	22.1
6	0	11.7	12.7	13.9	15.3	17.0	19.2	22.1
	1	11.7	12.7	13.9	15.3	17.0	19.3	22.2
	2	11.7	12.7	13.9	15.3	17.0	19.3	22.3
	3	11.7	12.7	13.9	15.3	17.1	19.3	22.4
	4	11.7	12.7	13.9	15.3	17.1	19.4	22.5
	5	11.7	12.7	13.9	15.3	17.1	19.4	22.6
6	6	11.7	12.7	13.9	15.3	17.1	19.5	22.7
	7	11.7	12.7	13.9	15.3	17.2	19.5	22.8
	8	11.7	12.7	13.9	15.3	17.2	19.6	22.9
	9	11.7	12.7	13.9	15.4	17.2	19.6	23.0
	10	11.7	12.7	13.9	15.4	17.2	19.7	23.1
	11	11.7	12.7	13.9	15.4	17.3	19.7	23.2
7	0	11.8	12.7	13.9	15.4	17.3	19.8	23.3

注：若24月龄的女童使用卧式身长计测量身长，则使用年龄为2^{a}行的数据，若其使用立式身高计测量身高，则使用年龄为2^{b}行的数据。此表上0-2岁的BMI值是根据身长计算的，若0-2岁的女童测量的是立式身高，要在身高基础上增加0.7cm，转换成身长后再计算BMI指数。若2-5岁的女童测量的是卧式身长，则要在身长基础上减少0.7cm，转换成身高后再计算。

2006年WHO儿童生长标准